Ⅰ　中国人民解放軍国防大学の正門（北京市郊外）

※写真Ⅰ～Ⅵは筆者撮影

Ⅱ　講堂入口内吹抜けエンタランスから見た２階回廊壁「孫子兵法」

Ⅲ　「孫子兵法」の次の図、左下隅の記述は「計篇　審計量敵　料勝決策」

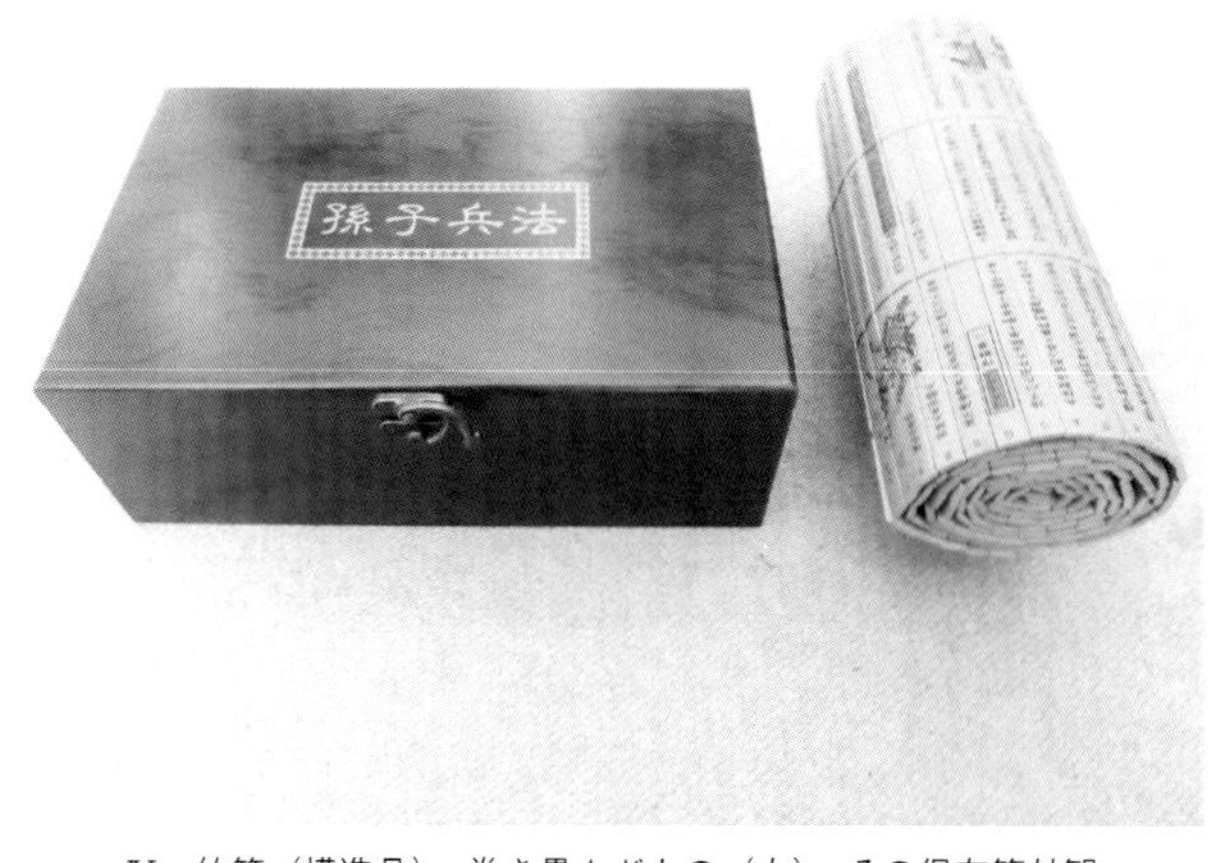

Ⅳ　竹簡（模造品）。巻き畳んだもの（右）、その保存箱外観

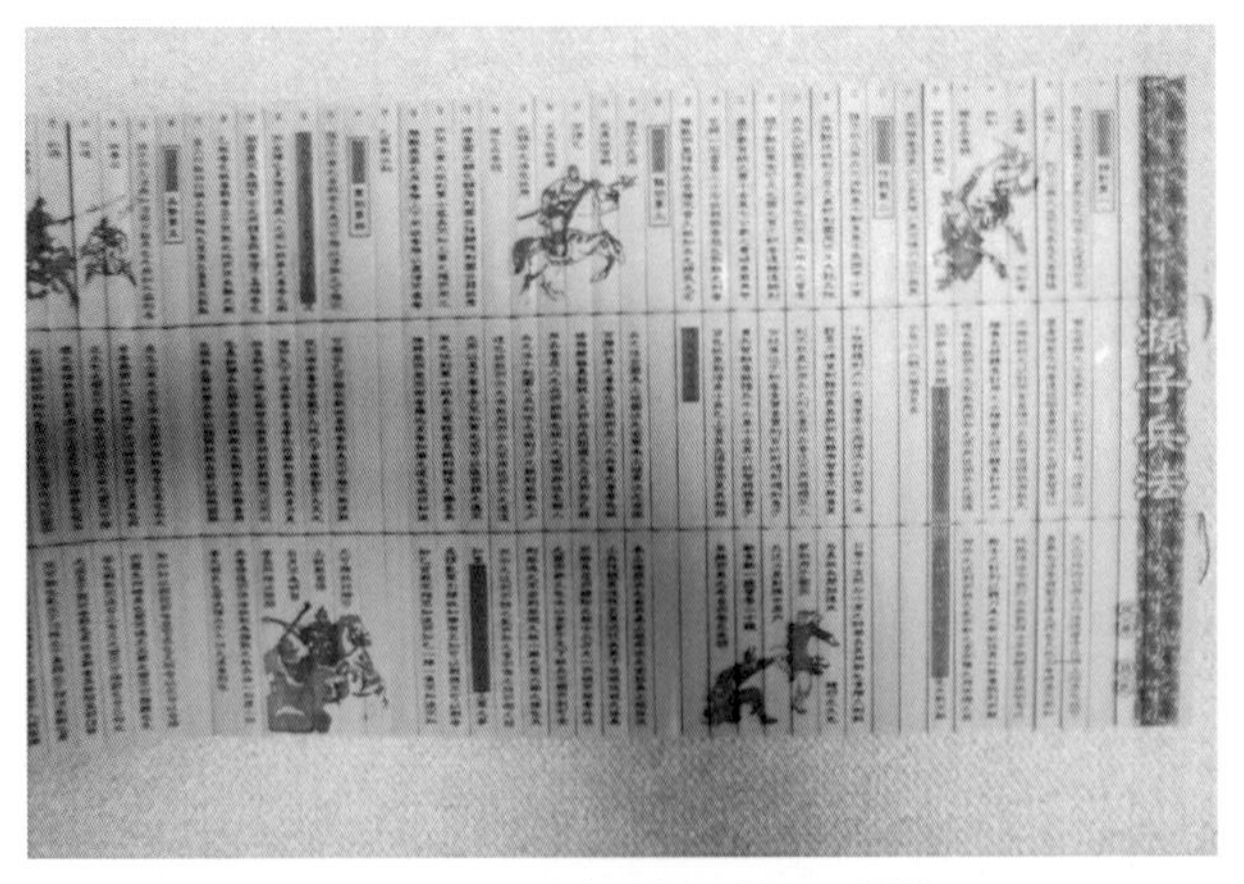

V　竹簡上の記述の様子（漢語と挿絵）

Ⅵ　保存箱内部のレリーフ（四頭立て馬車）

文芸社セレクション

軍事常識と科学的思考で読み解く
『孫子』知的冒険

元空将　奈良 信行
NARA Nobuyuki

文芸社

はじめに

五十歳を越えてまもなく、ふとしたことから『孫子』の研究を始めることになりました。多少ではありますが中国語の知識を有していますので、それほど苦になることはないだろうと思っていました。しかし、いろいろな本を読んでみても内容が良く理解できません。結局、自分自身で原文すべてを訳すことにしましたが、**テキスト**（注）の訳と筆者の訳とが異なる部分が多く発生してしまいました。通常であれば、テキストを信頼して自分の過ちを修正することになると思います。しかし残念ながらテキストには、軍事常識に外れた内容が正当化されている部分がありました。また、**兵法書『孫子』**の科学的思考方法とは相容れない表現も存在しています。

軍事事項に関するそれなりの知見を有し、科学的な思考を重視する航空自衛隊等における様々な経験を有する者としては、**軍事常識・科学的思考**、この二点に関する疑問については曖昧にせずにきちんと解決すべきであると考え、更に研究を進めました。悪戦苦闘しているうちに、とてつもない考えが浮かんできます。

・『孫子』訳本の著者の多くは、大学の文学部等の先生方だ
・失礼ながら、軍事や組織運営や実員指揮の実情を理解しているとは思われない
・また、どちらかといえば、反戦思想の強い方々だ。（テキストが発刊された昭和四十七年は、日米安保反対を掲げた大学紛争が盛んな頃であった）
・兵法を科学的思考方法で解き明かした実学の書である『孫子』は、乱世の時代に、いかに戦い勝つかを主題としている
・戦いは悪であり避けるべきと信じる人達が、その書を正確に解釈できるだろうか

自意識過剰を反省しつつも、日を追うごとにその考えが強くなりました。テキストとは異なる新しい解釈を提案したい、との思いが嵩じてきます。しかし、既に確立した『孫子』の内容について、素人の私が異論を唱えることは失礼きわまりない暴挙です。

…いまだかつて誰も説くことがなかったことを言ってもよいのだろうか。勝ち目の無い孤立無援の戦いになることは必至だろう。「負ける戦いはするな」という孫子の

兵法を全く理解していない行動に批判が集中することは覚悟しなければならないだろう…

そのような危惧を抱き、自らの研究成果をまとめる筆も滞っていましたが、中国人民解放軍国防大学へ訪問する機会を得た際に、彼等が『孫子』の研究・教育を重視していることを知って思いを新たにし、研究を再開しました。

古希を迎えて人生の残りの時間を大切にしようという気になり、ライフワークとなった研究を完成させたいという気力も復活してきて、今回の著作の発表にたどりつきました。

本著ではテキストを研究対象とさせていただきましたが、テキスト著者を個人攻撃しているわけではありません。戦後の日本における『孫子』研究の最高レベルにある重鎮であると認識しております。テキストも多くの関連書籍に引用されているバイブル的存在です。そのテキストに対して異論を唱えることは誠に僭越ですが、高齢・浅学の暴走をお許しいただければ幸甚です。

本著の題名は当初「新説」「誤訳を正す」「正しい解釈」等の言葉を冠したもので自己の正当性を強調する色合いの濃いものでしたが、他者と競うのではなく単に自己の考えを披瀝するだけのものに過ぎないと気が付き訂正しました。

『孫子』という深遠な知恵の森の中に存在する未発見の木々を求める筆者自身の智恵の探検であり、新しい可能性を求めた**知的冒険**であると考えます。

未達成の部分もありますが、残された人生の少なさを考慮して発表いたします。国防の任を担う自衛官や社会の繁栄に貢献されている経営者の皆様をはじめとして多くの方々に読んでいただき、ご意見・ご叱責を頂きたいと思っております。

出版にあたり、ご協力いただいた方々に心から感謝申し上げます。

特に、文芸社の松谷和則氏には多大のご支援をいただきました。重ねて御礼申し上げます。

（注）**テキスト** ⇩ 新釈漢文大系36「孫子・呉子」天野鎮雄著、明治書院
初版本、昭和47年（一九七二年）

目次

第一章　『孫子』の成り立ちを理解する

・・・知的冒険を成立させる四つの裏付け

筆者が知的冒険を試みる『孫子』を深遠な森に例えることとしよう。

この森は、紀元前5世紀又は4世紀（春秋時代又は戦国時代）に形成された。その中に開削された一本の道は、約２５００年間にわたって多くの人々が通って踏み固められている。道の両側の木々の詳細が明らかにされ、森の全体像もイメージアップされた。もはや、新たな発見を求める探検家は必要ないと考えられている。

しかし今から50年前、**１９７２年**に「**第二の孫子の森**」の存在が明らかになり、その森の形成された年代は紀元前４世紀（戦国時代）と特定された。これは『孫子』研究の根本に大きな影響を与える歴史的な大発見である。この結果、これまでの『孫子』（第一の森）の形成時期が紀元前5世紀（春秋時代）であることが確定することとなった。

大発見以前に著された『孫子』解説書は、戦国時代を背景とする戦略・戦術を受容している。すなわち、第一の森の中に、第二の森の木々を混入させているのである。混入の事実は**知的冒険**が成立する第一の裏付けである。第二〜第四の裏付けもある。

第一章においては、筆者が『孫子』全篇を通読して得た四つの事実を知的冒険が成立することの裏付けとして指摘し解説する。

1　『孫子』を著した孫子は孫武であり、孔子・儒家の思想とは無縁である

（知的冒険が成立する第一の裏付け）

著者は孫武

『孫子』を著した孫子と称される人物は、①孫武（そんぶ）②孫臏（そんぴん）の二説あった。

孫武は、**紀元前5世紀**の人物である。紀元前8世紀から紀元前5世紀まで続いた春秋時代（『春秋』という歴史書に記述されている期間の時代名称）の後半、**春秋の五覇**（晋・斉・楚・呉・越）が徐々に台頭し抗争を始めた頃である。

他方、**孫臏**が活躍したのは**紀元前4世紀**の戦国時代、**戦国の七雄**（秦・楚・燕・斉・韓・趙・魏）の覇権抗争の時代であり、諸子百家（儒家・道家・法家・兵家・墨家・縦横家等）の学派が活躍した時代でもあった。孫武の子孫であり、孫武に劣らぬ武略家であった孫臏もまた孫子（孫先生）と呼ばれており、二説が生じることとなった。

しかし、**1972年**に中国・山東省南部の漢代の墓の発掘作業において『孫子』とともに**『孫臏兵法』**（孫臏が記した兵法書、『孫子』と異なる）の竹簡（竹の札・紙のない時代は竹に文字を記した）が発見されたことにより、『孫子』は孫武の著書であると追認され、論争に決着がついたものである。

参考として、次に「春秋戦国時代の国々の存亡」に関する事項を羅列し、略年表（筆者作成）とする。年は総て紀元前である。

771年　周の幽王、殺される
770年　平王、洛邑に遷都し東周と称す
　　　　晋の叔虞（周王の弟）建国する　⇩晋王
　　　　周王室衰微し諸侯互いに争う乱世となる
　　　　『春秋』の記事始まる（春秋時代の始まり）
651年　斉の桓公、覇者となる　⇩斉王

598年　楚の荘公、覇者となる　⇩楚王越を含めて春秋の五覇と称される

515年　呉の闔閭、第六代国王に即位する　⇩呉王

481年　**孫武、将軍となる**　⇩**『孫子』**
『春秋』の記事終る（春秋時代から戦国時代へ）

479年　孔子没

473年　越王句践、呉王夫差を破る　⇩呉滅亡（その後、越も楚に敗れ滅亡）

403年　晋、滅亡し三分割される　⇩韓・趙・魏の成立
以降、戦国の七雄（秦・楚・燕・斉・韓・趙・魏）の覇権抗争の時代となる
諸子百家（儒家・道家・墨家・法家・兵家等）活躍

343年　**斉の孫臏、魏軍に大勝**　⇩**『孫臏の兵法』**
六国の合従成立（秦に対抗）

256年　秦、周王室を滅ぼす

230年　秦、韓・趙・魏を滅ぼす

222年　秦、燕・楚を滅ぼす
221年　秦、斉を滅ぼし天下統一（戦国時代の終わり）
秦王・政、始皇帝と号する

孔子・儒家の思想とは無縁

『孫子』は、「兵法書でありながら不戦を説いている、人間性を探求している、現代のビジネス社会にも通用する示唆に富んでいる」等の評価を得ており、テキストの著者は次のように称賛する。

・『孫子』の思想は偉大である。その思想は現在のわれわれの心の中に生き続けつつ、新しい思想を生み出す根源ともなっているからである。その思想の広大さ深遠さは、宇宙の眼からその物の全体を捉え、神明の心からその物の機微を説くからであろう。『孫子』は極度の人智・人為を要することを説きながら、その人智・人為が自然の中に浄化されて行くのを覚える。『孫子』は優れた芸術作品とも言えよう。

この評価の基盤となっているのが、孔子・儒家の思想である。孫子はその影響を受けて『孫子』の中にその思想を入れ込んだという認識であろう。2000年間続いた伝統的な考え方であり、孫子が孫臏である可能性を残している時期であれば成り立つが、大発見によって孫子が孫武であると確定した現在、論拠を失っている。

略年表で見た通り、孫武は諸子百家の時代に100年以上先んじており、儒家の影響を受けることは全くあり得ない。

また、紀元前551年に魯国で生まれた孔子が自身の思想を確立した三十〜四十歳（「三十にして立つ、四十にして惑わず」論語学而篇）になるのは紀元前521〜511年であるが、斉国から呉国へ移動した孫武が国王闔閭と面談したのは紀元前516年であるので、孔子の思想に接した可能性は少ない。

なお、紀元前515年に魯国内の政争に敗れた国王昭君が斉に亡命した際に孔子も従って斉に来て2年間過ごしているが、孫武はその1年前に呉で将軍となっている。

従って筆者は、孫武が自分の兵法のなかに孔子の思想を取り入れたことは全くないと判断する。

後に見るが、テキストでは**儒家思想**を基盤とした解釈をとっている。この事実が『孫子』第一の森に第二の森の木々を混入させている証左であり、知的冒険が成立することを示す裏付けである。

2　『孫子』は十三篇からなり、各篇の内容は関連している

（知的冒険が成立する第二の裏付け）

『孫子』は十三篇からなる

孫武が将軍となる時に述べた事柄等によって兵法書『孫子』が出来上がったが、後世の人々は、内容を勘案して十三に区分し、それぞれに題名を付した。次のとおりである。題名の付与要領は三種類（A～C）に大別できる。筆者の案（D）を加える。

A	B	C	D
（始計第一）	（計篇）	（計篇第一）	第一篇「計」
（作戦第二）	（作戦篇）	（戦篇第二）	第二篇「作戦」
（謀攻第三）	（謀攻篇）	（攻篇第三）	第三篇「謀攻」
（軍形第四）	（形篇）	（形篇第四）	第四篇「形」

（兵勢第五）　（勢篇）　（勢篇第五）　第五篇「勢」
（虚実第六）　（虚実篇）　（虚実篇第六）　第六篇「虚実」
（軍争第七）　（軍争篇）　（争篇第七）　第七篇「軍争」
（九変第八）　（九変篇）　（九変篇第八）　第八篇「九変」
（行軍第九）　（行軍篇）　（行軍篇第九）　第九篇「行軍」
（地形第十）　（地形篇）　（地形篇第十）　第十篇「地形」
（九地第十一）　（九地篇）　（九地篇第十一）　第十一篇「九地」
（火攻第十二）　（火攻篇）　（火篇第十二）　第十二篇「火攻」
（用間第十三）　（用間篇）　（用間篇第十三）　第十三篇「用間」

題名及び内容に大きな違いはないが、ところどころ原文が異なっており、解釈も微妙に違う。その理由は原本を復元する際の見解の相違である。竹札に墨で文字を書いた「竹簡」が原本だが、損傷したり紛失したりしていたため、空欄を埋める作業を必要とした。その作業の際に諸説が生まれ、現在に至るまで数種類の『孫子』が存在することとなった。

（イメージ作りの一助として、巻頭に竹簡（模型）の写真を掲載した）

A…「魏武帝注孫子」、三国志の雄・魏の曹操（武帝）の注釈書
B…「十一家注孫子」、宋の時代の注釈著。唐の李筌・杜牧ら十一名の注釈を合わせて編集したもの
C…「桜田廸古文孫子」、江戸時代末期、仙台藩の藩士・桜田廸が祖先伝来の写本を校正し出版したもの
D…筆者の考案。日本流に番号・表題の順としたもので題名はＡＢＣの多数を採った。本著ではこれを用いる

各篇の内容は関連している

『孫子』は後世の人間によって便宜的に十三の篇に分類されたが、もともとは一つであるので各篇は密接な関連を有している。しかし残念ながら、これまでその関連を明確にした著作に巡り合っていない。筆者は独自に試みた。作業の順を追って説明する。三つの段階を経て完成した。

【第一段階】…各篇の主題及び他篇と共通する語の列挙

主題は・点以下に、共通する語は○印以下に列挙した

第一篇「計」

・呉王闔閭への進言（軍備は国王の仕事である）

・孫武の自己アピール（将軍の仕事に精通、資質あり）

・戦闘の基本原則（正道）を踏まえつつ、詭道を用いて勝利する

○兵、死生、地、存亡、道、天、地、将、法、計、智、士卒、勢

第二篇「作戦」

・国家財政に多大な負担がある（工夫して継戦能力を維持する）

・長期戦は避ける

○用兵、智将、卒、師、十万、千里

第三篇「謀攻」

・計略で敵を倒す（直接戦闘は極力避ける）
・戦闘の指揮は将軍、国王は口を出すな
・知ることが勝ちにつながる
○兵、士、用兵、利、知、民

第四篇「形」
・有利な陣形を取れば勝てる
○九地、地、道、法、兵

第五篇「勢」
・陣形が整い、兵士の士気充溢の時、虚実で作る敵の隙を攻撃する
・戦闘開始時の優勢が戦闘力を爆発的に増大させる
○形、奇正、虚実、利、卒

第六篇「虚実」
・我の意図を隠し、敵の動向を知り、移動して先手をとり、相対的な戦力差を作れば、

主導的に優勢な戦闘ができる

○利、地、形、無形、知、死生の地、兵

第七篇「軍争」

・形、勢、虚実を用いて勝利を争う

○用兵、将、君、利、糧食、地、迂直の計、将軍

第八篇「九変」

・絶えず戦況の変化を読み臨機に対応する

○用兵、圮(い)地、衢(く)地、圍(い)地、死地、地形、地之利、諸侯、将

第九篇「行軍」

・地形の特性を理解して危険を避け、種々の兆候を見逃さず敵情を判断する

・兵士の離反・脱走を防止する

○地、兵、卒、民、令

第十篇「地形」

・地形の特性が軍の行動及び兵士の士気に及ぼす道理を十分に知ること、これは将軍の重要な任務であり、勝敗を決するものである

○利、不利、高、陽、将、勢、卒、吏、敵、地形

第十一篇「九地」

・九種類の地の特性とそれに応ずる戦法の基本と変化を知って戦う

○兵、卒、利、士、令、信、勇、将軍

第十二篇「火攻」

・五種類の火攻の特性とそれに応ずる戦法の基本と変化を知って戦う

○時、天、宿、費留、主、将、利、亡、存、死、生、道

第十三篇「用間」

・五種類の間(かん)(間諜・スパイ)の特質を理解して活用する

・君主・将軍は、聖智(優れた智恵の持ち主)仁義(仁愛・正義の人)微妙(深遠な

ことの理解に優れている人）でなければ、間を用いること、使うこと、報告から真実を得ることができない

・間は重要である

○師、十万、千里、費、千金、公家、将、主

【第二段階】…関連図の作成

共通する語と語を確認しながら、篇と篇とを線で結び、密接なものは太線とした

各篇の関連分析

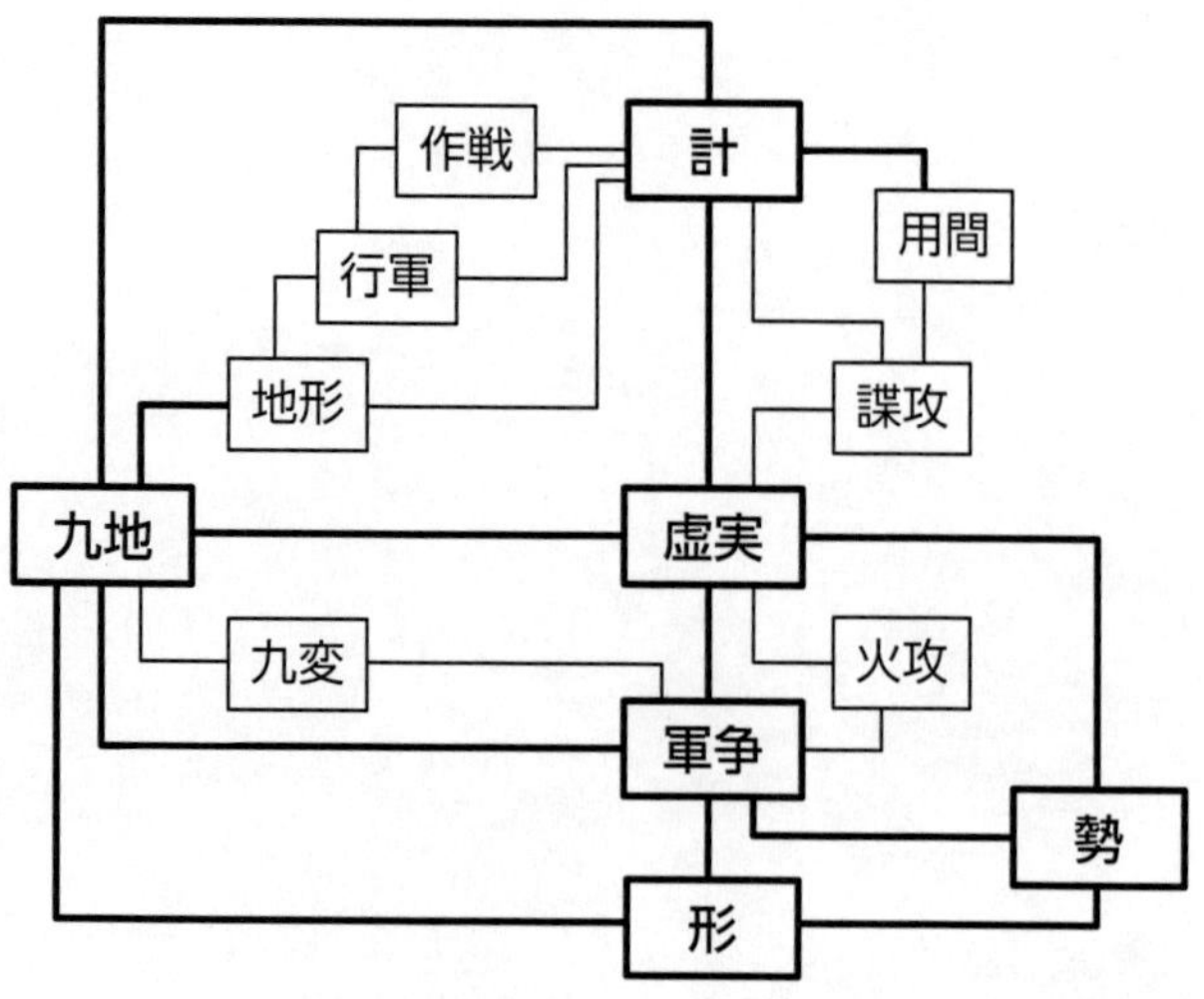

【第三段階】…概念図の作成
関連図を簡略化した概念図を作成する

関連図では、まだまだ分かりづらいので、骨格的なものを作ることとした。手順は次のとおりである。オペレーションズ・リサーチの解析手法を準用した。

・太線を2ポイント、細線を1ポイントとして各篇の獲得ポイントを計算する
　例…「計」は、太線3本、細線4本なので、2×3＋1×4で合計10ポイントとなる
・結果を高ポイント順に整理する
　11ポイント…………九地
　10ポイント…………計、虚実、軍争
　6ポイント…………形、勢
　4ポイント以下……作戦、行軍、地形、九変、用間、謀攻、火攻
・上位四篇を骨格とした関連図を作成した

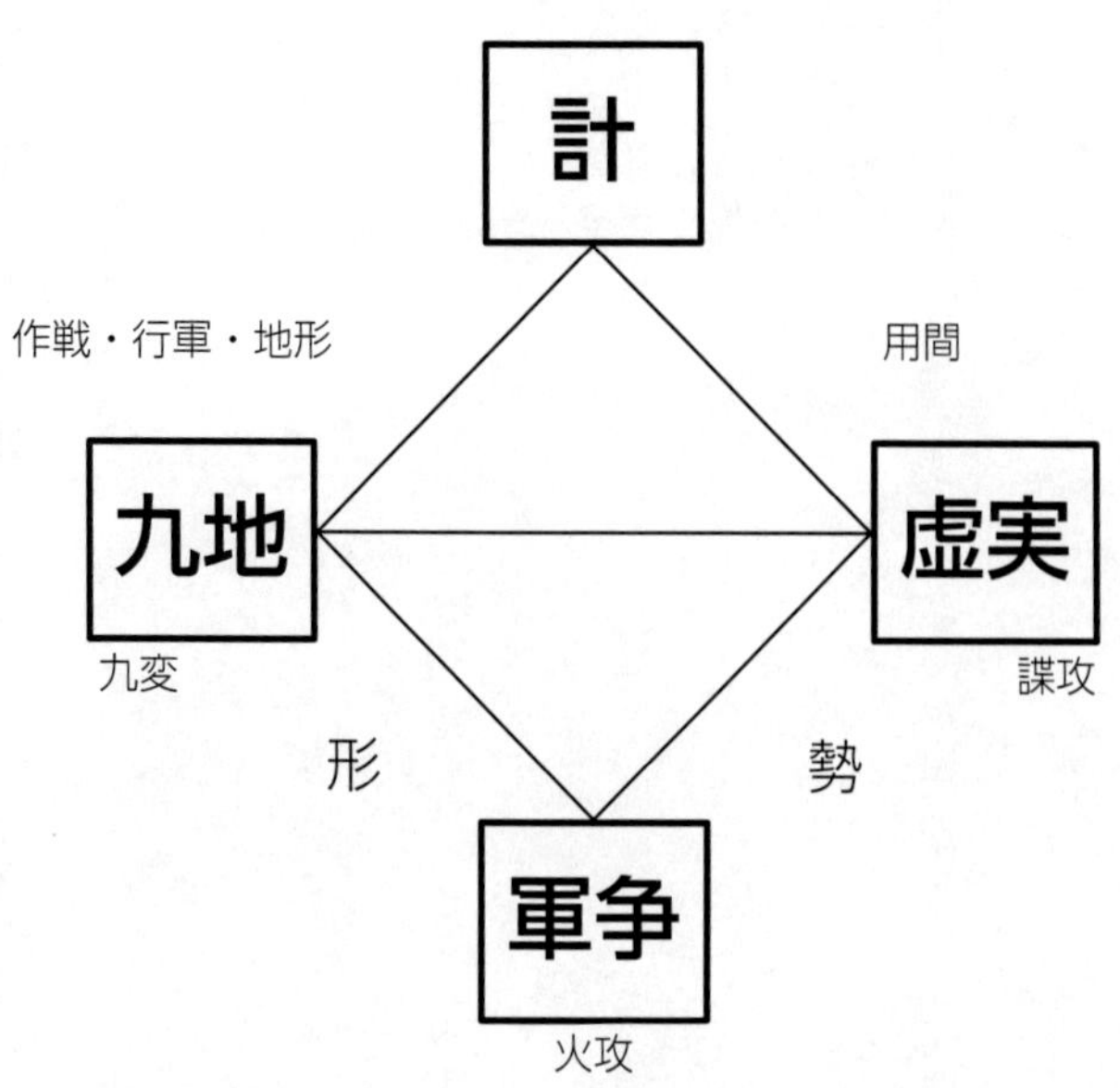
各篇の関連図
計
作戦・行軍・地形
用間
九地
虚実
九変
謀攻
形
勢
軍争
火攻

※「計」は、総括的内容を多く含むので上部に置いた
※「虚実」「軍争」「九地」は、相互に密接な繋がりを有し、戦闘実施時の強力なトライアングルを形成している。それをサイドから「勢」「形」が支える
※「用間」は、状況判断時の情報を必要とする「計」及び「虚実」の中間に配置した
※「作戦」「行軍」「地形」は、本格的な戦闘場面となる九地と作戦開始前の計篇との中間に位置するものとした
※「謀攻」は、「虚実」に付属させた
※「九変」は、「九地」に付属させた
※「火攻」は、「軍争」に付属させた

以上、各篇の関連状況を図式化できたものと自負している。

このように各篇が関連を持ち、共通の単語・熟語を使用していることを実証できたが、後に見る通りテキストは、他篇との関連を深く意識していない疑いがある。その篇やその段落内における完結性を重視した結果であろうか、他との関連を明確に説明する記述は極めて少ない。

この事実は、知的冒険を成立させる裏付けとなる。

3　高邁な哲学書ではなく、呉王闔閭（こうりょ）への自己アピール・軍事的主張の書である

（知的冒険が成立する第三の裏付け）

自己アピール

孫武は、もともとは北方の**斉**の人であるが、南方の**呉**に職を求めてやってきた。斉は黄河南側の山東半島の付け根の地域、呉は揚子江南側河口の地域で越の北側に接しており、越とは敵対関係にあった。春秋五覇は、これらの三カ国のほかに「晋」「楚」であるが、それぞれ西方の内陸の北・南の地域を勢力圏としていた。内陸奥地の秦も徐々に力を増していた。（図・筆者作成）

古来、**南船北馬**と称されるように、中国大陸の北と南では主要な運搬手段が違う。北は平原・丘陵・山岳の地形であり、南は河川が多いという地形の差異があるためだが、これはそのまま戦いの際の準備事項や戦術に差異をもたらす。

呉は「南船」の地であるが、宿敵である越は山岳地帯もあり、「北馬」の戦いの原

則を適用すべきである、との認識が成り立つ。当時浪人中であった孫武は、将軍の地位を得たいと思い、国王闔閭に対面して自らの将軍としての資質を自己アピールする。河川に加えて平原・丘陵の戦場において勝つための戦術に自分が精通していることを披歴したのであった。

アピールは成功し、孫武は将軍となる。

将軍になる時に孫武が説明した事柄、将軍となった以降の言動、後世の武人達が付け足した語句等が混在して兵法書『孫子』が出来上がった。兵法書としての評価は極めて高く、古今東西、多くの研究家が内容を紹介している。それらを否定するものではないが、筆者は『孫子』の記述中に自己アピールが多く存在していることを指摘したい。将軍として採用される時の話であるから当然と言える。その実例を示す。

・将(まさに)吾(わ)が計を聴きて之を用うれば必ず勝たん、之を留めよ（第一篇「計」）
まさに私・孫武の計を（国王が）承諾し之（私）を（将軍として）採用いただければ必ず勝利してみせます。私をお留めください

・吾(われ)此れを以って勝負を知る（第一篇「計」）
私・孫武はこのようにして勝敗の行方を知るのです

・吾(われ)此を以って之を観れば、勝負見わる（第一篇「計」）
私・孫武は此れ（計の手法）を用いて彼我の優劣を比較判定するので勝負の行方は自ずから見えてくるのです

・故に兵を知る将は生民(せいみん)の司命(しめい)・国家安危(あんき)の主(しゅ)なり（第二篇「作戦」）
故に用兵の原則を知る将軍（私・孫武）は、民の生命を司り、国の安泰を守る大事な存在なのであります

・上将の道(どう)なり（第十篇「地形」）
これこそが優れた将軍（私・孫武）が用いる戦いの道理です

前半三例で用いられている吾(われ)という語が孫武自身を指していることは、疑う余地もない。後半の二例は、将軍という語を用いているが、文脈から見るに孫武以外の将軍

の存在はないので、これらも孫武自身を指すものと判断する。

以上見た通り、自己アピールが存在するが、テキストは個人的なアピールとはせずに、一般的な原則として扱う。後に見る通り、テキストは哲学的な昇華を通し、古今東西の世界に通用する兵法としての解釈を追究している。『孫子』は高邁な哲学書ではない。この理解こそが、原文を正しく解釈するための基礎である。

軍事的主張

孫武は呉王闔閭に対して要求事項を示している。いわば、将軍として採用される際の採用条件である。その目的・内容は、自身の俸給等の身分保障関連事項を要求するのではなく、覇王の軍の将軍としてよりよく成果を挙げることができるような態勢を確保することが目的であり、内容は軍事的主張であると言える。

まず、平時の軍のマネジメント要領と開戦時の状況判断について、孫武が考案した「計」の手法を採用することが必要であると主張する。

・将吾が計を聴きて之を用うれば必ず勝たん（第一篇「計」）・再掲

まさに私・孫武の計を（国王が）承諾し之（私）を（将軍として）採用いただければ必ず勝利してみせます

次に、開戦後は将軍を信頼して、君主は口を出さないでほしい、と要請する。

・君の軍に患する所以、三あり

・軍の進む可からずを知らずして之に進めと謂い

・軍の退く可からずを知らずして之に退けと謂う

君主の患（君主の行為で軍が患うこと）が三つある

第一は、進軍すべきでない時に進めと言い、退却すべきでない時に退けと言うことである

（第二、第三は割愛）

また、君主の指示よりも戦いの道理を優先することを宣言する。

・戦道必勝ならば、主曰く無戦なるも必ず戦うべし

・戦道不勝ならば、主日く必戦なるも戦わずべし

戦道（戦いの道理からの判断）が必勝ならば、君主が戦うなと言っても、戦って良い

戦道が不勝（勝利の可能性がない）ならば、君主が戦えと言っても、戦ってはいけない

将軍採用の場において採用してもらう側の孫武が、採用主の国王闔閭に対してこれらの事項を遠慮なく主張できたのは、私利私欲ではなく真に軍事的妥当性を持った内容であると信じていたからに外ならない。

このように孫武は真正面から軍事的妥当性を追究する。『孫子』の森のなかに軍事常識に齟齬する木々の存在は許し得ない。しかし、後に見る通り、テキストにはその存在の疑いがある。

自己アピール・軍事的主張、これらに齟齬する内容の存在が疑われることが、知的冒険成立の第三の裏付けである。

4　宿敵・越を討つ具体的な戦略・戦術を科学的な思考方法により示している

（知的冒険が成立する第四の裏付け）

越を討つことを前提

非常に優れた兵法書は、時代を超え世界に通用する普遍的な道理を説いている。『孫子』はまさにその評価を得ている。しかし、すべての事柄がそうだとは限らない。呉王闔閭が抱えている宿敵・越との戦いという現実のニーズに対応した内容が含まれているのである。このことを理解せずに、総ての記述を普遍的・哲学的に解釈しようとすることは、齟齬が生じる一因となる。孫武の主張やアピールが挿入されているとした前節の事情と同様である。

・越人の兵多しと雖も亦奚ぞ勝敗に益あらん（第六篇「虚実」）

越の兵が多いといっても勝敗に有益であるとはいえない（越を怖れる必要はない）

・夫（そ）れ、呉人（ごひと）と越人（えつひと）とは相悪（あいにく）むも（第十一篇「九地」）
　例えば呉と越の人は相憎む間柄であるが

これらは直接的な表現であるが『孫子』全体の大前提となっている「千里の遠征」を考察すると越を対象国としていたという結論にいたる。

・千里の饋（き）糧（第二篇「作戦」）
・千里を行きて労せざるは（第六篇「虚実」）
・則ち千里にして会戦す可し（第六篇「虚実」）
・千里に将を殺すに在り（第十一篇「九地」）
・出征すること千里ならば（第十三篇「用間」）

テキストでは、これらの「千里」は「極めて長い道のりを表す」としているが、文中の他の表現が理論的に確定した数値を用いていること、及び百里・五十里・三十里（第七篇「軍争」）という表現もあることから、孫武は「千里」を用いて漠然とした遠方を言ったのではなく、敵地への現実的なイメージを持って表現したものと考える。

周代の一里は四百メートルであるので、千里は四百キロメートルとなる。春秋の五覇の位置関係から見ると千里以内の国は越のみである。

すなわち『孫子』は、架空の戦いを想像して哲学的に理念を導きだしたのではなく、現実の敵対国・越に対する戦い方を説いたものと言える。（注）
（注）呉から二千里以上離れた楚とも敵対関係にあり、闔閭の九年に実際に楚を攻撃したとする史記の記述もあるが、当時の孫武は「千里」を越えることは想定していなかったものと推量する。

科学的な思考方法に基づく戦略・戦術

孫武は、大軍団を組織し移動し戦場に投入するために必要な戦略的ロジスティックスを科学的に積算する。

・凡そ用兵の法、馳車千駟、革車千乗、帯甲十萬、千里の饋糧、即ち、内外之費、賓

客之用、膠漆之材、車甲之奉、日費千金、然る後に十萬の師挙がる

用兵の原則は事前の準備を確実に行うことである。馳車（四頭立ての戦闘用馬車）千輌、革車（革の保護カバー付き輸送車・輜重車）千台、帯甲（兵士の個人装具・鎧）十万着、千里の先まで行軍するに必要な糧（食糧）、国の内外で必要とする費（経費）、賓客に関する費用、膠漆の材（にかわ、うるし。車両補修用の材料）、王室から供出する車・帯甲、日額千金の費用、それらの準備が整った後に十万の軍を出動させることができるのである

これらの準備が整わなければ軍を動かしてはならない、としている。また、後の段では、人員や食料の補充に関する記述もある。

すなわち、敵愾心や一時の激情に流されて戦端を開くことは厳に慎み、あくまでも冷静に状況判断し、十分な準備を行なわなければならない、とするのである。具体的な状況判断と準備事項については、論理的手順と科学的手法による実施要領が示されている。科学的な思考方法に基づいた戦略である。

従来から指摘されているように『孫子』は兵法書でありながら好戦的な書ではなく、安易な開戦を戒めていることは事実であり、重要である。しかし、この基本理念は、

哲学的な思索で導かれた理想論ではなく、現実的な問題に対処するために科学的な思考過程を経て積み上げられた戦略論・政策論であると筆者は理解する。

また、戦術面においても科学的な観察力・知識を基礎に状況判断している。

・塵高くして鋭きは車来るなり、卑くして広きは徒来るなり、散じて條達するは樵採するなり、少くして往来するは軍を営むなり

塵が高く鋭く舞い上がるのは車が来る、塵の舞い上がりが低く広いのは歩兵が来る、塵が分散し筋を作っているのは木を切って引きずり運んでいる、塵が少く往来しているのは宿営である

・発火に時有り、起火に日有り、時とは天の燥(かわ)けるなり、日とは月の箕(き)・壁(へき)・翼(よく)・軫(しん)に在(あ)るなり、凡そ、此の四宿(ししゅく)は、風起(かぜおこ)るの日なり

火攻(放火して攻撃する戦法)には適した時があり、適した日がある。適した時とは天気が乾燥した時である。適した日とは月が(暦にある二十八宿のうちの)箕・壁・翼・軫に宿る日である。概して、この四宿は風が強く吹く

このように孫武は、単なる勘や願望による予測を排除して、あくまでも科学的な思考方法によって、すべての事柄を理解し判断することを貫いている。

しかしながら、その認識が不足すると『孫子』の記述に不信を抱いて理解困難となり、言い訳となる。

「この部分は後人が理解不足のまま付した衍文であろう」
「竹簡の損傷を復旧する際、混乱したものであろう」

このように、テキストには解釈不能として解説している個所が存在する。

宿敵・越を念頭に置き、科学的な思考方法によって戦略・戦術を説く『孫子』の中に解釈不能という部分が混入しているとするこの事実は、知的冒険が成立する裏付けとなる。

以上、本章においては、知的冒険が成立することを裏付けする四つの事実の存在を指摘した。

第二章　不可解な謎の発見と考察・四例

・・・知的冒険成立の四つの裏付けに対応する実例

第一章において、知的冒険が成立する裏付けとして四つの事実を指摘した。第二章においては、それらに対応する四つの実例について探究した結果を提示する。これらは、次の事項に起因する不可解な謎の発見とその考察である。

・儒家思想の導入
・他篇との関連の軽視
・軍事常識との齟齬
・科学的思考からの離脱

この四例は、『孫子』の森の中に発見した謎の大木と言える。他にも中小さまざまな疑念の木々があり、森全体に広がっている。それらについては、第三章における「全篇全文の読み解き」において個々に明らかにする。

1　儒家思想を導入する謎・「道」

今日、一般的な『孫子』の評価は次のとおりである。

・・・『孫子』は、兵法書でありながら不戦を説いており人間性を探求している、現代のビジネス社会にも通用する普遍的な示唆に富んでいる・・・

テキスト著者は同様の立場から、次のように称賛する。（再掲）

・・・『孫子』の思想は偉大である。その思想は現在のわれわれの心の中に生き続けつつ、新しい思想を生み出す根源ともなっているからである。その思想の広大さ深遠さは、宇宙の眼からその物の全体を捉え、神明の心からその物の機微を説くからであろう。『孫子』は極度の人智・人為を要することを説きながら、その人智・人為が自然の中に浄化されて行くのを覚える。『孫子』は優れた芸術作品とも言えよう・・・

この賞賛にはテキスト著者の思想が滲んでいる。君主は、国民の人間性をよく理解した上で、その心情に合致する政策を実施することが重要であり、それが力の論理に勝るものである、という理念の現れと見ることができよう。その基盤となっているのが、徳治政治であり、孔子・儒家の思想である。

しかし、第一章1でみたとおり、『孫子』の著者・孫武が儒家の思想に接した可能性は全くない。この認識がないと正しく解釈し得ない。「道」の場合について見てみよう。

「道」

テキストを含め多くの解説書が儒家思想を取り入れている。それらの解説書の特徴は「道」を「みち」と読み「道徳」と解釈することである。

筆者は「道」を「どう」と読み「道理」と解釈する。次に二例を示す。

・道（みち）とは民をして上（かみ）と意を同じくせしむるなり（テキスト）

道とは国民を君主と一心同体ならしめることである（君主が徳治政治を行えば国民は意を同じくして従う）

・道は民をして上と意を同じくせしむるなり（筆者）

道（道理）は民（兵士）を上（将軍）と意を同じくさせるものである（道理に則った統率に兵士は従う）

・主孰れか有道なる（テキスト）

いずれの君主がよりよく有徳であろうか（道徳を有しているか）

・主孰れか有道なる（筆者）

いずれの君主がよりよく戦いの道理を理解しているか

二例共に第一篇「計」にある文言である。通常、誰もが第一篇から読み始めるので、初めて接する「道」について、テキストの解釈に違和感を持つ人は少ないであろう。しかし、次節で取り上げるが、これらの二例の直前の文章中の「道」を「道徳」と解釈することが困難であるため「…するもの」と曖昧な表現となっており、一貫性が保たれていない。

『孫子』に儒家思想の徳治政治を導入していることは、不可解な謎と言わざるを得ない。更なる考察が必要である。

筆者は、当初、漠然たる疑問を抱きながら全文を読み通した。何度も読み返した結果、前述の解釈にたどり着いたものである。その時に気づいたことが二点ある。

・第一篇は他の篇を含めた総括的内容である。

・短い語句の一つ一つが後の篇で述べられる深い意味をもった語句であり、『孫子』全文を読まなければ第一篇の内容は理解できない。

この認識があって、各篇の関連図を創作し、次節で示す解析を行ったものである。

2　他篇との関連を軽視する謎・「兵は国の大事…」

『孫子』第一篇「計」の冒頭の部分に次のような記述がある。（テキストから抽出引用、「孫子曰く」は省略）

（原文）兵者国之大事、死生之地、存亡之道、不可不察也

（読み）兵は国の大事にして、死生の地、存亡の道なり。察せざるべからず

（解釈）戦争は国家の重大事件で、国民の生死を決めるものであり、国家の存亡を左右するものである。この事は慎重に考察しなければならない

この文章を単独でみると違和感はないが、他の文章との関連を調べて比較検討すると、きわめて特殊な解釈がなされていることを指摘できる。

用いられている全ての単語・熟語の解釈に疑念が生じている。次に列挙する。

疑念A　兵＝戦争？（兵にはもっと多くの意味があるが、なぜ戦争か）

疑念B　国＝国家？（紀元前5世紀に国家の概念が存在したか）
疑念C　大事＝重大事件？（大切な仕事ではないか）
疑念D　死生の地＝国民の生死を決めるもの？（原文の「死生」を「生死」に変更、原文に無い「国民」を付加、原文の「地」を訳さない、それらが複合して全体の意味を変化させているのではないか）
疑念E　存亡の道＝国家存亡を左右するもの（別れ道）？（「道」は比喩的表現なのか）
疑念F　察せざるべからず＝慎重に考察しなければならない？（二重否定の強調文を消極的に解釈するのは妥当か）
疑念G　慎重に？（原文に無い「慎重に」を付加し、意味を変化させているのではないか）
疑念H　也？（原文とは異なる場所に移動し、意味を変化させているのではないか）

このような疑念の複合体が生じた理由は謎である。偶然が重なったものとは考え難い。ひとつの思想の基に生成された感がある。以下、疑念を検討し新しい解釈を提案する。提案記号は、疑念記号に対応させた。

疑念A　兵＝戦争？

漢和辞典（新漢和辞典・三訂版、大修館書店）によると「兵」の意味は次の通りである。

①　つわもの。もののふ。軍人。兵士。兵隊。
②　はもの。いくさどうぐ。武器。兵器。
③　いくさ。たたかい。戦争。

使用頻度の高い順に①から並んでおり、戦争は③の最後となっている。

次に『孫子』全篇を通して「兵」の語がどのように用いられているか見てみよう。

筆者が原文をつぶさに調査し整理した結果は次のとおりである。

・『孫子』全篇で「兵」が用いられている総数は　69回

そのうち

・「用兵」として用いられているものは　20回

・単独で「兵」と用いられているものは　49回

各篇毎の使用回数は次表のとおり。

「兵」の使用回数

	用兵	単独
第1篇「計」		4
第2篇「作戦」	4	6
第3篇「謀攻」	3	5
第4篇「形」	1	4
第5篇「勢」		1
第6篇「虚実」		6
第7篇「軍争」	4	2
第8篇「九変」	4	1
第9篇「行軍」		4
第10篇「地形」		5
第11篇「九地」	4	9
第12篇「火攻」		1
第13篇「用間」		1
小計	20	49
合計	69	

ここで「用兵」とは、兵（武器、兵器、兵士、兵隊）を運用することであり、戦闘・戦争を意味する。すなわち「兵」自体が「戦争」ではなく「兵を用いること」が戦争なのである。

また、単独で用いられている「兵」49回を更に分析すると、通釈において、その意味が

- ・「兵士」と訳されているもの　12回
- ・「軍隊」と訳されているもの　20回
- ・「戦闘」と訳されているもの　5回（12回）
- ・「戦争」と訳されているもの　8回（1回）
- ・その他、「戦術」と訳されているもの等　4回

となった。

「戦争」と訳された8回のうち7回の内容は、国家的な戦略を含む戦いとは言いがたいものである。特定の場面における限られた戦いであり、筆者は「戦闘」と訳すべきと考える。それを含めると「戦闘」は（　）に示す12回となる。

その結果「戦争」は残りの（1回）であるが、これは今まさに疑念Aとして議論している『孫子』冒頭の「兵」に外ならない。

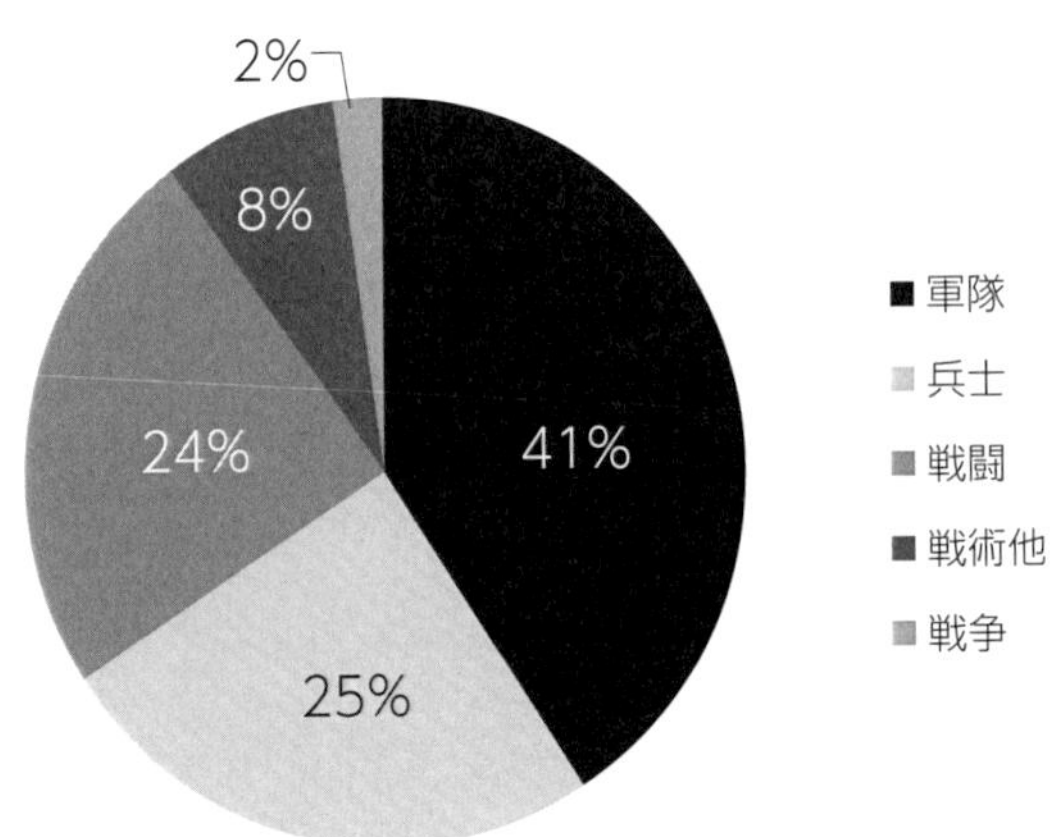
「兵」の意味別使用状況
2%
8%
24%
41%
25%
軍隊
兵士
戦闘
戦術他
戦争

以上により、次の結論を得る。
・漢和辞典では「兵」の意味は、使用頻度の高い順に①兵士・兵隊。②武器・兵器。
・『孫子』全篇では、同様に①軍隊。②兵士。③戦闘。
であり、「戦争」の意味として使用されている他の例は皆無である。

以上、戦争と訳すことについては極めて困難であるといえる。では、何と訳すべきであろうか。これまでの作業結果を素直に受け入れれば軍隊・兵士であるが、文脈からはもっと広い概念であることが判る。辞書にあった兵器・武器を含めた総称とすべきなのだが……と思案していたところ、その解答がテキストの内で示されていることを発見した。

提案A　兵＝軍備

冒頭の文に続く第二文は、「故に之(これ)を経(おさ)むるに五事を以ってし……」とあり、之の解釈を軍備としている。指示代名詞の之が第一文の兵をさすことは自明である。

これにより筆者は「兵＝軍備」とすることを確信を持って提案する。テキストが後の文で自ら軍備と認めているのに、冒頭の文だけ極めて困難な解釈「戦争」を用いているのは何故であろうか？

【補足説明】語の由来「兵」

そもそも、象形文字の「兵」は、人が両手に斧を握って頭上に掲げている様子に由来しているので、

・斧を手にした人　↓　兵士。兵隊。
・斧　↓　武器。兵器。（↓　装備品、軍需品）

が元々の意味である。後に意味が広がり

・兵士や兵隊の行動　↓　戦い。戦闘。戦争。

となったものと理解できる。

疑念B　国＝国家？

テキストでは、「国は春秋時代の諸侯の国の意であるが、ここではそれに拘泥しないで広く国家の意に解する」とある。拘泥しない理由は示されていない。

疑念を解くために、筆者は「国」について独自に調査した。今から2800年前の春秋時代の中国大陸のことが書かれた文書や詩を対象とした。

まず、孔子の「論語」である。「先進第十一」篇の末尾の段、三人の弟子が順に自らの抱負を述べたことへ孔子が答える。そこでは、「邦（くに）」を治める者が「諸侯」であり、「国」はその上位概念である、と明示されている。

また、前漢の司馬遷（しばせん）および宋末の曾先之（そうせんし）が、それぞれ著した「史記」および「十八史略」の春秋時代までの記述を調べてみると、「国」に関しては次のとおり整理できた。

・古代中国は、気候地形等で分けた九つの地域を「州」と呼んだ

（徐州、荊州、揚州他）

・すべての州を含む国土全体が「国」であり、それを「天子」が治めた
・「天子」は「帝位」を禅譲して「国」を存続させた
（帝堯→帝舜→帝禹、その後は世襲）
・武力革命で建国した者は「帝位」を継承せず「国王」を名乗った
（殷国の湯王、周国の武王）
・諸侯は「公」と呼ばれた
・東周以降、春秋の乱世時代では、力を持った諸侯が他の諸侯を制覇して「覇者」となり「覇王」と呼ばれた
（春秋の五覇＝晋、斉、楚、呉、越）
・「覇王」は建国を宣言して「国王」となり、新たな「国」が生まれた
・「国王」は都に住み、都は周囲を高い壁で囲まれ「城」と称される
・戦いの結果、「城」が落とされ「国王」が殺されると、「国」が滅亡する
・勝利者は、敗北者の土地及び土地に付属している民を所有し、建国を宣言する。もしくは自国へ併合する

以上、筆者独自の調査結果は、次の通り要約できる。

・諸侯が治めるのは「邦」
・覇王（国王）が治めるのは「国」
・天子が治めるのは「中国国土全体を指す広義の国」

提案B　国＝国王

国王が宣言して国を造り、その国王が死ぬと国が亡ぶということは、現代の国家観とはかけ離れた状況である。覇王の国の国王は、国土と国民を専有する国そのもの、と筆者は考える。主権在民ではなく国の主権者が国王である時代、国土と国民という概念は極めて稀薄であった。

テキストでは国を国家と訳しているが、現代人にとって国家という言葉から受ける印象は、現代の国家観（主権・国土・国民）そのものであろう。これでは、紀元前5世紀の国の概念から遠く離れたものであり、不適当である。

筆者は「国＝国王」とすることを提案する。

【補足説明】現代の国家観

現代国家の存立要件は、次に示す三項目に整理される。

・**主権**が確立していること

・**国土**が保全されていること

・**国民**が安定的に生活できていること

疑念C　大事＝重大事件？

まず「事」について見てみよう。

漢和辞典での「事」の意味は①〜⑥のとおりである。

『孫子』全篇における①〜⑥の使用回数は、それぞれの末尾の括弧内に示す。「大事」以外は計16回である。グラフを参照されたい。

①　ものごと、事物（0回）

②　ことがら、ことのありさま、事態（7回）

③　しごと、つとめ、事業・事務（6回）

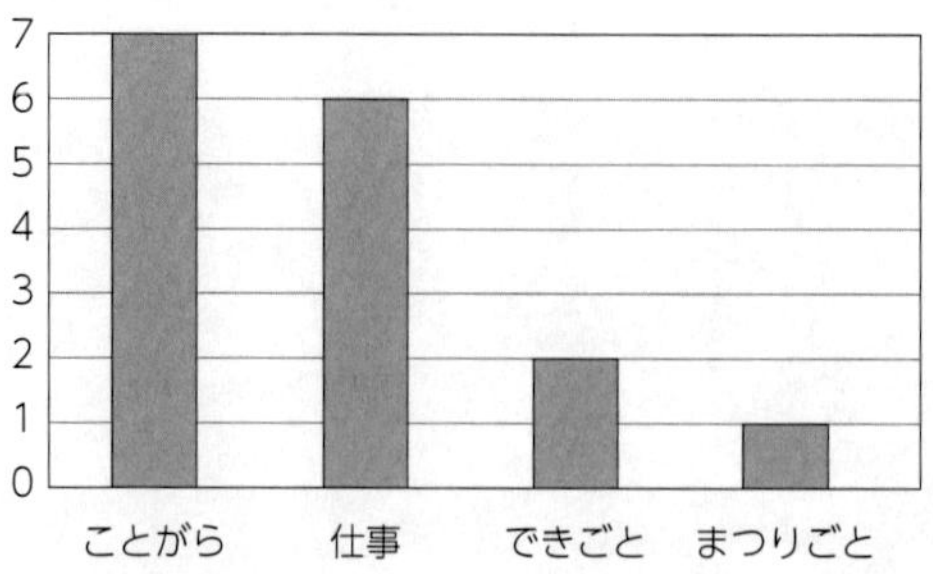
「事」の使用状況
7
6
5
4
3
2
1
0
ことがら
仕事
できごと
まつりごと

④　できごと、事件・事変（2回）
⑤　まつりごと、政治（1回）
⑥　まつり、祭祀

辞典に記された優先順（使用頻度の多い順）と同じ結果となっている。

また、大事を文字通り単純に訳せば「ビックイベント・大規模な催し物」となるが、テキストでは「事件」というマイナス要素の強い言葉を用いて「重大事件」としている。全体としては「あってはならない大変な出来事」というイメージを与えており、思想的なバイアスが掛かった解釈ではないか、という疑念が生じる。

ちなみに、漢和辞典では「大事」の意味は次の通りである。

①　大きい事業
②　大きな事件
③　祭りと戦争
④　大祫（たいこう）（祖先の霊を合わせ祀る祭りの名）

ここで①と②は広く一般に用いられるものであるが、③と④は国レベル、即ち国王に関係するものである。

周以前の天子は国を治める際に祖先の霊を祀ることを国事行為とした。祖先に様々な報告や願いを伝え加護を祈祷するのであるが、誰もが実施できるわけではない。国の正統な後継者たる天子のみが実施できる。逆にいえば、天子が自らの正統性を誇示するための大切な事業（仕事）であった。

周王室が衰退し始めて乱世の時代になると、国を維持するためには祭りだけではなく、戦争も同レベルの重要な仕事になったことが③により推察される。春秋時代には、覇王が祭りを大事な仕事としていたことは『孫子』にも「廟」という語があることからも推察できる。諸侯を従えた国王は、自らが国の正統な継承者であるという権威を保つため、祭りを大切にした。その祭りと同様に「兵」（軍備）は、国王にとって大切にしなければならないものなのである。

【補足説明】出来事・事件
「出来事、事件」は「起きたこと、持ち上がってしまったもめごと」の意であるから、主体的に実施するのではなく受動的な態度といえる。この文は、後に見るように「察せざるべからずなり」と結んで「良く考察しなければならない」と積極的な行為を促しているのであるから、受動的・消極的な表現である「事件」という訳は相応しくない、と考える。

提案C　大事＝大切な仕事

殊更に戦争のマイナス面を強調する「重大事件」という訳は疑念が残る。
筆者は、新しい訳として「大切な仕事」を提案する。
疑念Bと疑念Cとを合わせると、より鮮明に相違が分かる。

疑念BC　国の大事＝国家の重大事件？
提案BC　国の大事＝国王の大切な仕事

『孫子』の冒頭の一文は、孫武が呉王闔閭(こうりょ)に初めて面談した時の言葉である。その時に開口一番「国王闔閭様の大切な仕事」と相手を名指しして言うのは憚れるので、「お国の大切な仕事」と表現した可能性もある。いずれにしろ、国＝国王という認識が基盤となっている。

【補足説明】 国王の仕事・キャッチフレーズ

第一章で述べたが、孫武は揚子江北方の斉の国の人間である。当時浪人中であった孫武は、将軍の地位を得たいと思い呉国にやってきた。呉王闔閭は国王となった直後であり、国の保全のために具体的な助言ができ、かつ兵を率いて戦って勝てる有能な将軍を求めていた。そこで、孫武は国王に対面して自らの将軍としての資質を自己アピールするのである。平時における軍備の重要性とその具体的な管理手法を説き、河川・平原・丘陵・山岳のいずれの戦場においても勝つための具体的な戦術に自分が精通していることを披歴した。

開口一番はキャッチフレーズである。相手の関心を引き、後の説明を聞きたいと思わせることが必要である。「国王の仕事」の語で他人事ではないことを言い、馴染みの薄い「死生の地」「存亡の道」という軍事専門用語を出して意表を衝き興味を誘う、現代のプレゼンテーションに匹敵するテクニックとも言える。

アピールは成功し、孫武は将軍となるのである。もし、その時の最初の言葉が「戦争は重大事件であるので慎重に考えなければならない」という誰もが知っている観念論であったなら、闔閭のニーズとはミスマッチであり、早々に追い出されて、将軍の職を得ることは困難であったであろう。

疑念D　死生の地＝国民の生死を決めるもの？

テキストでは「死生の地」を「国民の生死を決めるもの」としており、「地」を具体的に訳していない。補足として、「地」は「草木発生の地のことであり、ここでは死生を生ぜしめる地の意で比喩(ひゆ)である」としている。

『孫子』全篇で「地」は極めて多く使用されている。筆者が数えたところ84回であった。そのうちの83回は意味を持って訳されている。残りの1回が譬喩とされていることの疑念の「地」である。何故、意味を有する語として解釈せずに、比喩とされなければならないのか？　疑念が深まる。

全篇における使用状況は次表のとおりであった。

「地」の使用状況

	意味あり	譬喩
第1篇「計」		1
第2篇「作戦」		
第3篇「謀攻」	3	
第4篇「形」	1	
第5篇「勢」	1	
第6篇「虚実」	9	
第7篇「軍争」	2	
第8篇「九変」	8	
第9篇「行軍」	1	
第10篇「地形」	6	
第11篇「九地」	52	
第12篇「火攻」		
第13篇「用間」		
小計	83	1
合計	84	

地は重要な戦いの要素

冒頭の一文に続く文は、軍備を管理する際の重要要素5つを挙げ「五事」としている。

五事は「道、天、地、将、法」であり、地も含まれている。

『孫子』第十一篇「九地」では「地」の特性が戦いに及ぼす影響を明らかにして九つの「地」が定義されている。列挙すると「散地、軽地、争地、交地、衢地、重地、圮地、圍地、死地」である。

このように、地は『孫子』で説く兵法の重要要素であり、内容も具体的に定まっている。比喩的表現「…するもの」という解釈は極めて異例である。

「死生の地」は熟語、地は分離できない

また第六篇「虚実」では、「形之而知死生之地…（これを形して死生の地を知り…）」

とあり、テキストでも「死生の地」を熟語として認識し、そのまま用いて訳としている。

このように他の篇では「死生の地」という塾語の存在を認めておきながら、冒頭の一文では認めずに、熟語を分解して地を消去する表現としたのは何故であろうか?

「国民の」を付加?

「国民の」を付加した理由の説明も欠落している。「国」を「国家」とした流れのなかで「国民」が浮上し、「死生の地」の後半「の地」を削除したことによって生じた文言のバランスの悪さを意識したのであろうか。

既に見た通り、そもそも周代(紀元前五世紀)には現代のような国家・国民の概念はない。他国と戦って主権者たる国王が滅び国が亡んだとしても、兵士以外の農民(農奴)は土地に従属しているので、そのまま継続して生存する。

このように原文に存在する語を消去し、存在しない語を付加するという行為は、疑念そのものである。

死生を生死に変換？

「死生」を「生死」と言い換えていることにも疑義がある。一般的なイメージでは「死生」は死生観、則ち「死を意識した上で生きる」ことと認識されるが、「生死」では「今まで生きていた人が死ぬ場面に遭遇する」という緊迫感が生じる。

すなわち、「死生」は「死」を「生死」は「生」を強調しており、意味が正反対となるのである。従って理由もなく「死生」を「生死」に変換することは容認できない。

【補足説明】**帯字**

漢詩の世界では、強調のために反対の意を持つ語を添えるという表現方法がある。「帯字」という。

「春暁」　孟浩然（もうこうねん）

春眠不覚暁　　春眠　暁を覚えず
処処聞啼鳥　　処処　啼鳥を聞く
夜来風雨声　　夜来　風雨の声

花落知多少　花落ちること　知る多少　↓　多くの花が散ってしまった
※ここでは「多」を強調するために「少」が添えられている

提案D　死生の地＝死地と生地（死地を重視）

筆者は「死生の地＝死地と生地」を提案するが、帯字の観点から「死地」のみとすることも可能である。

疑念E　存亡の道＝国家の存亡を左右するもの（別れ道）？

テキストでは「存亡の道(みち)」と読み「国家の存亡を左右するもの」と訳している。補足として、「道」は「存への道」と「亡への道」との分かれ道の意、とある。また「死生の地」と合わせて共に譬喩(ひゆ)であるとする。この文に続く次の段落では、道を道徳としているのであるから、一貫性を保つためには「存亡の道徳」とすべきであるが、これでは意味不明であるので、比喩とし「…左右するもの」と訳したものと推量する。

「道」について、漢和辞典の内容と全篇での使用回数を見てみよう。

【漢和辞典】①通りみち。道路 ②人が守り行うべき正しい道理。人道 ③宇宙の根源（老子の主張）④わけ。ことわり。一定の理 ⑤はたらき ⑥方法、やりかた ⑦みちのり。行程

【使用回数】『孫子』全篇で「道」の使用回数は24回。そのうち、実際の道、道路として解されているもの（辞典の①）は5回で、残り19回は形而上の意味（辞典の②～⑦）で用いられている。内訳は⑥「方法、やりかた」が7回、②「道理」が4回、辞典にはないが「経過」「内容不明示」がそれぞれ2回、「任務」「徳」「別れ道」が各1回であった。

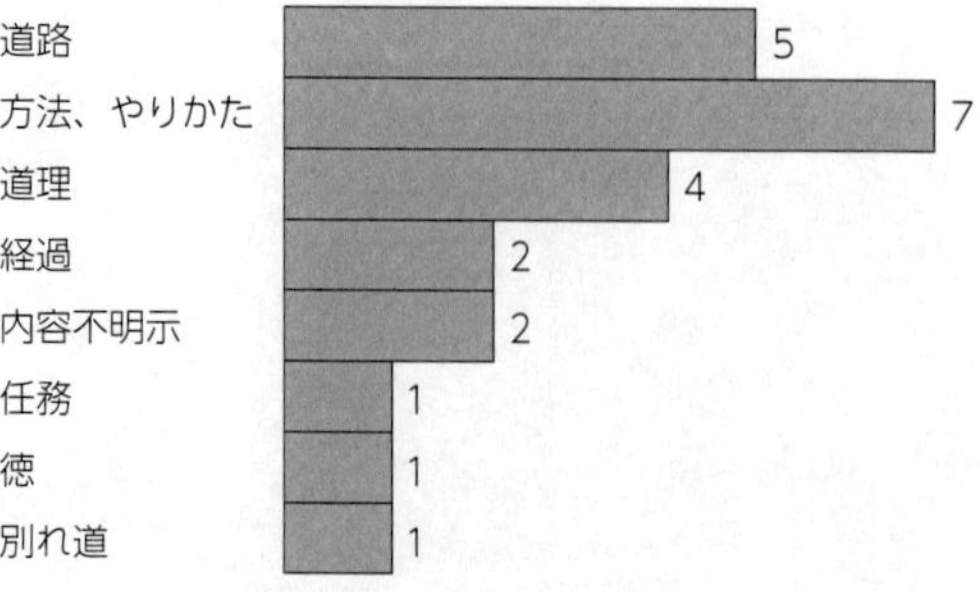
「道」の使用状況
道路
5
方法、やりかた
7
道理
4
経過
2
内容不明示
2
任務
1
徳
1
別れ道
1

見る通り、訳文で「もの」とし、補足で「別れ道」とすることは極めて特殊な使われ方であるといえる。「別れ道」が成立しないという考えは、「死生の地」「存亡の道」が対をなしていることを理解することによって強化される。テキストも両者を対として扱い、共に譬喩だとしているが、前述のとおり「死生の地」が意味を持った重要な熟語であると判断し得る以上、その対の「存亡の道」もまた、比喩ではあり得ない。

以上により「存亡の道（みち）＝国家存亡を左右するもの」は、新たな解釈を提案し得る余地がある。

提案E　存亡の道（どう）＝勝敗に繋がる戦いの道理

勝って生存するか、敗けて滅亡するか、戦いは冷徹な状況判断と適切な戦法によって決まる。『孫子』が主張しているのは、「やってみなければ分からない」とか「運を天に任せて」という行動を排除した、戦いの道理である。筆者は「存亡の道（どう）＝勝敗に繋がる戦いの道理」を提案する。

「死生」同様、帯字で「存亡」は「存＝勝利」が強調されていると考えれば「勝利に繋がる戦闘の道理」とすることも可能である。

疑念F　察せざるべからず＝慎重に考察しなければならない？

「察せざるべからず」は「察せざる＝察しない」ことを「べからず＝してはいけない」ということで「察しなさい」ということである。二重否定で強く表現しているものである。

「察しなさい」ということを強くいうのであれば、「必ず察しなさい」となる。「察する」とは「考察してよく理解する」ことであるから、「必ず考察してよく理解しなさい」である。語彙を素直に解釈すれば、誰でもこうなるはずである。しかし、テキストは何故か「慎重に察しなければならない」と解釈する。

新しい解釈の提案は、疑念Gと合わせて実施する。

疑念G　「慎重に」を付加

原文には「慎重に」に対応する語は存在しない。テキスト著者が付加したものである。理由は示されていない。

通常「慎重に・・・せよ」という表現は「軽々に・・・するな」の意を含んでいる。したがって、「慎重に考察しなければならない」という表現は「軽々に考察してはいけない」ということになる。これでは意味が逆転してしまう。極めて不可解な解釈に繋がる語の付加である。

何を察するのか（目的語は）

「察する」は動詞である。その目的語は何か。目的語（この場合は目的句）は、「兵は国の大事、死生の地、存亡の道」の三つの句であり、文章は倒置法によって強調されている。

テキストの訳文の構成は次のとおりである。

A　戦争は国家にとって重大事件で

B　国民の生死を決めるものであり、国家の存亡を左右するものである

この事は慎重に考察しなければならない

すなわち、AとBの両方を目的句としている。Bが比喩（前述のある表現を強調する）であるとするテキストの立場に立てば、BはAの重大事件を強調しているのだから、Aに包含され、次のようになる。

・戦争は国家にとって重大事件（比喩的にBの如く重大）であることを慎重に考察しなければならない

これによって、冒頭の文は次のような印象を与えている。

・戦争は大変なことだから、慎重に考えなさい（軽々に行ってはならない）

テキストの訳を逐語的に解釈すると「この事は軽々に考察するな」となるが、すで

に述べたとおり「この事」すなわち「戦争は国家国民にとって重大事件である」が強調されているため、全体の印象は「軽々に戦争は行うな」となってしまう。背後に意図が隠されているのであろうか。疑念が湧く。

提案F・G　察せざるべからず＝必ず考察してよく理解しなければならない

筆者は「考察すべきである」という孫武の強い言葉を率直に表現したい。「慎重に」という言葉は使用しない。

疑念H　「也」の位置を移動？

原文の最後の語「也」に疑念がある。テキストの読み下し文は、原文に則っていないのである。「也」の位置が変えられている。

【原文】兵者国之大事、死生之地、存亡之道、不可不察**也**

【テキスト】 兵は国の大事にして、死生の地、存亡の道**なり**。察せざるべからず

「也」が移動することによって、冒頭の一文は二つの文に分割される。その結果、第二文の「察する」の目的句は第一文全体となり、究極的に「戦争は（国家の存亡を決め国民の生死を左右するような）重大事件である」となってしまう。

では、原文どおり「也」が末尾にあるとどうなるか。

兵者国之大事、死生之地、存亡之道、は同列で列挙されているので、三つの事項それぞれが察する対象となる。すなわち「道」と「地」は、「大事」と同様に察しなければならない対象である。独自の意味を持たない強調のための比喩ではなく、独立した意味を持つ重要な事項となる。重要な事項はその内容をしっかりと解釈すべきである。

テキストは、それを避けるために「也」を移動したのであろうか。疑念が生じる。

筆者は、この意識的行為である「移動」を排除した解釈を提案するものである。

疑念と提案（A～H・まとめ）

『孫子』冒頭の一文「兵は国の大事、死生の地、存亡の道、察せざるべからずなり」について、疑念A～Hと提案A～Hを集約すると次の結論を得る。

テキスト・疑念

・戦争は国家の重大事件で、国民の生死を決めるものであり、国家の存亡を左右するものである。この事は慎重に考察しなければならない

筆者・提案

・軍備は国王の大切な仕事であること、死地や生地があること、勝敗に繋がる道理があること、それらについて必ず考察してよく理解しなければならない

なお、この文と全く同一の表現要領「…、…、…、不可不察也」が他の篇にも存在することを指摘しておく。そこではテキストも次のとおり直前の三つの句を目的句としており、この事実が筆者の提案の裏付けとなる。

【原文】九地之変、屈伸之利、人情之理、不可不察也（第七篇「九地」）
【読み下し】九地の変、屈伸の利、人情の理、察せざる可からずなり
【解釈】九地に係る用兵の変化、撤退と進攻の利害得失、兵士の心情の道理、これら三者について十分に考察しなければならない

隠れた意図が謎を生じさせている？

訳文全体にわたって8カ所の疑念があることは、偶然の重なりとは言い難く、それ自体をもって、特殊な背景の存在を指摘できる可能性がある。個々の疑念の原因を見ると、それが強化される。

① 原文の語を消去している［地、道］

②　原文に語を付加している〔国民、慎重〕
③　原文の語を変更している〔生死〕
④　原文の語の位置を移動している〔也〕

削除・付加・変更・移動、これらは意識を持った行為である。隠された意図の存在の兆候と言える。

その意図を解明することによって、謎が生じている理由も明らかになるのであるが、残念ながら現時点では未達成である。

以上、他篇との関連を軽視することによって生じている謎、しかも隠された意図の存在によってそれが生じている可能性があることを指摘するとともに、筆者の新しい解釈を提示した。

3　軍事常識に齟齬する謎・「用を国に取り、糧（かて）は敵に因（よ）る」

糧（かて）は敵に因（よ）る？

第二篇「作戦」には次の文がある。
【原文】取用於国、因糧於敵
【テキストの読み下し】用を国に取り、糧（かて）は敵に因（よ）る
【テキストの解釈】軍の器材などの諸用具は自国のものではたし、食料は敵国のものをたよりとする（⇩敵に依拠する⇩⇩敵から奪う）

従来から多くの解説書が同様の内容を提示しており、既に定着してしまった感があるが、ロジスティックス無視の作戦に繋がる恐れのあるこの解釈は、軍事常識に齟齬している。食料を携行せずに大部隊を敵地に進軍させる作戦は、あり得ない。無謀な

作戦の悲惨な結末は戦史が示すところである。孫武も同じ第二篇「作戦」の冒頭に、千里の先に十万の大軍を進めるには十分な食糧が必要であるとして「千里の饋糧」と表現している。

篇の冒頭で示した進軍する際の軍事常識が、篇の途中において何故変更されるのであろうか、大いなる謎である。筆者は、この謎を放置することなく是非とも解明したいと思う。その思いが本著の動機のひとつでもある。

解釈は対句であることの理解から始まる

解釈するためには、まず、この文が対句であることを理解する必要がある。対句は同じ語順で対比させながら表現する漢詩の手法であるが『孫子』でも多用されている。

前述の一文の場合は次のとおり分析できる。

取用於国＝取る　＋　用を　＋　於いて　＋　国
（動詞）　（目的語）　（場所を表す前置詞）　（場所・自国）

因糧於敵＝因る　＋　糧を　＋　於いて　＋　敵
（動詞）（目的語）（場所を表す前置詞）（場所・敵国）

取と因とが動詞、用と糧とが名詞（目的語）、於が場所を表す前置詞、および国と敵とが場所を示す名詞、という同じ語順で対比がなされていて対句が成立している。

・「於いて」は場所を表す前置詞であるから「国において」「敵において」と訳さなければならないが、テキストは「自国のもの」「敵国のもの」としている。筆者は素直に「自国において」「敵国において」とする。

・読み下しでは、「用」を正しく目的語として「用を」としているにもかかわらず、「糧」については「糧を」とせずに「糧は」と読み、解釈では「食糧は…」としている。即ち、目的語ではなく主語としているのである。筆者は「用を」「糧を」と読む。

以上のとおり、テキストの解釈は、対句の基本ルールに則っていないことを指摘できる。

「用」は用具ではなく費用

単語の意味について漢和辞典で調べてみると「用」の意味は、①もちいる。使う。任用する。登用する。②はたらき。能力。作用。効能。③つかいみち。用途。④そなえ。防備。⑤ついえ。費用。⑥たから。財貨。⑦もとで。資力。財力。⑧道具。
であった。

また、『孫子』全篇における使用回数は49回であるが、動詞「用いる」の意で45回（用兵、用間、用郷導他）、名詞「・・・の用」他で4回（賓客の用、国の用、用を国に取る、衆寡の用）である。使用状況を次に示す。

「用」の使用状況

	動詞	名詞	名詞の使用実例
第1篇「計」	4		
第2篇「作戦」	5	3	賓客の用、国の用、用を国に取る
第3篇「謀攻」	3	1	衆寡の用
第4篇「形」	1		
第5篇「勢」			
第6篇「虚実」			
第7篇「軍争」	6		
第8篇「九変」	5		
第9篇「行軍」	2		
第10篇「地形」	3		
第11篇「九地」	5		
第12篇「火攻」	1		
第13篇「用間」	7		
小計	42	4	
合計	46		

見ての通り、『孫子』全篇のなかで使用されている名詞の「用」は極めて限られている。しかも、テキストが「用＝軍の器材などの諸用具」とした文は、同篇同段落にある「賓客の用（賓客をもてなすための費用）」および「国の用（国家の費用）」の直後の文に使用されているものである。

一連の流れのなかで素直に「用＝費用」と解釈することが妥当であると考える。

筆者は「用＝費用」とし、対句の後半との意味のつながりを考慮し「食料調達のための費用」と解釈する。

「因」は動詞、うけつぐ

対句のルールから「因」は動詞として解釈しなければならない。

「因」の意味は、漢和辞典に①②とある。

① たのむ。よる。応ずる。うけつぐ。うけついでそのまま用いる。

② ちなむ。縁による。つながる。原因。起源。由来。

全篇の使用回数は次のとおりである。

全篇における使用回数：　15回

因A而B（助詞。AによりBである）　12回

因、因C（動詞。因す、Cを因す。うけつぐ）　2回　因而利之、因糧於敵

D因（名詞。因をDする。原因、起源）　1回　行火必有因

見る通り、動詞として使用されているものは少ない。因、因Cの場合であり、因糧は「糧を因す」となる。すなわち「因糧於敵」は「敵国において糧を因す」である。それを「食糧は敵のものをたよりとする」と訳すのは、文法上の誤りと言える。

筆者は素直に「敵地において食糧をうけつぐ＝継続する・補給する」と解する。

新しい解釈の提案

筆者の提案する新しい解釈はつぎのとおりである。

【原文】取用於国、因糧於敵
【筆者の読み下し】国において用を取り、敵において糧を因(いん)す
【筆者の解釈】自国において費用を徴取しておき、敵国において食糧を（調達・補給して）継続する

【補足説明】
「敵から奪う」とする解説書は「糧は敵に因る」と読み下しているが、この読み方を中国語に翻訳すれば「糧是因敵」となり、全く原文と異なってしまう。これは、先ず自分の解釈があり、その解釈に合わせて読み下しているものと判断する。その際に本来の原文が無視されてしまうのである。

また、同じ篇のなかに「故に智将は務めて敵に食（は）む」とされる文があり「敵から奪う」と同類とされているが、これも意味が先にあり合致するように読み下したものである。原文は「智将務食於敵」で素直に読み下せば「敵に於いて務めて食す」または「敵において食することに務める」となる。

筆者は「敵地において食糧補給に努力する」意であると解釈している。

軍事常識

外征軍が食糧を初度の分のみしか携行せず、後は敵に依存する・敵から奪って食をつなぐ、という方針を立てたとすれば、それは自殺行為である。絶対にあり得ない。筆者は、テキストをはじめほとんどすべての訳が「敵に依存する・敵から奪う」となっていることに従来から強い疑問を抱いていた。

食糧・装備品等の取得・輸送・補給、すなわちロジスティクスの重要性は現代では当たり前だが、2500年前の孫武の時代はその認識がなかったのだ、とする説明もある。しかしそれは当たらない。『孫子』第二篇「作戦」では、冒頭から挙兵する際の準備事項を具体的に示しているからである。そこでは、戦いが長引くと経済的に国家が破綻する、負担の大きい遠距離輸送は二回に留めよ、何回もするな、とも言っている。「敵から奪う」という発想は、その輸送負担を軽減しようとするものである。負担軽減策を講じることは正しく重要なことであり、前後にその旨の記述もある。しかし、目的が正しくとも手段が間違っていれば、逆に軍を危険にさらすこととなる。その危険性を次にまとめた。

・食糧奪取作戦を継続して実施することによって、兵士は疲弊し士気が低下する
・本来の作戦計画と異なる行動を強いられ、作戦全体に狂いが生じる
・占領地域民衆からは、賊軍と見られ、郷導（道案内人）などの協力者が得られない
・盗賊行為を認めることとなるので、軍の規律維持が困難になり、統御できない
・食糧不足という自軍の弱点を敵に察知され、付け入る隙を与える

筆者の解釈のように、持参した食糧調達経費を使えば、現地住民にも有益となり、協力者を得やすい。孫武の時代においても軍事的妥当性は追求されたはずである。

また、テキストも別の篇では筆者と同様の解釈を示している。

第八篇「九変」に「重地吾将継其食」という原文があり、テキストはこれを「重地には吾将に其の食を継がんとす」と読み「重地では食糧の供給を継続する」と訳している。『孫子』各篇が相互に密接な関連を持つこと、孫武が軍事的合理性を全篇において追究していること、これらを考慮すれば筆者の解釈が肯定されるものと判断する。

4　科学的思考から離れる謎・「五事七計」

計

第一篇「計」は、文字通り「計」が主要な内容となっている。「計」とは、孫武が呉王闔閭(こうりょ)に述べた彼我の戦力の分析評価の手法である。その手順は次のとおり。

・戦力をいくつかの要素に分割する
・個々の要素ごとに彼我の状況を分析して優劣を評価する
・優劣の数を集計して、彼我の戦力全体を比較・総合評価し、優劣を総合判定する

一般的に複雑なものや規模の大きなものを比較・評価するのは容易ではない。全体を直観的に把握することが困難だからである。これは現代でも同様であり、そこで我々は評価要素を用いる。

例えば、株式投資の対象銘柄としてA社とB社を比較する場合には、

・事業（内容・特色、事業部門構成比率、業績見通し、新技術・新規事業、設備投資）

・経営（株主、役員、連結子会社）

・株価（過去の資本移動、高値・安値、株価チャート、最低購入額）

・業績（売上高、1株当たりの利益、中長期業績予想）

という評価要素を用いることが多い。

そして、各要素ごとの比較・評価を集計して総合的に判断し、投資対象を決定する。極めて科学的な思考手順である。この手順が成立するための必須の要件は、評価要素が正しく設定されていることである。正しいか否かは次の事項を満足するか否かによる。

・各評価要素について定義が明らかにされていること

・他の評価要素と明確に区別できること（内容が重複していないこと）

五事

孫武の「計」における評価要素は「五事」であり、次の内容とされている。

・道（民を上と意を同じくせしめるもの）
・天（陰陽、寒暑、時制）
・地（遠近、険易、広狭、死生）
・将（智、信、仁、勇、厳）
・法（曲制、官道、主用）

これらは、平時に軍備を部門別にマネジメントする際の五つ部門としても用いられている。すなわち、平時に軍備を五部門に分けてマネジメントして十分にその状況を把握しておくとともに、敵情を探り部門別に整理しておくことによって。平時から彼我の軍備の比較・評価を円滑に実施し得るということである。

七計

孫武は「七計」という語を用いてはいない。「計」をもって彼我の状況を比較し、優劣の数を計算することによって、開戦前に勝敗の帰趨を見通すことができるとしている。その際に提示した評価要素が七項目あるので、後人が「七計」と称したものである。前述の「五事」と合わせて「五事七計」という表現を大多数の解説書が採用している。次の項目が「七計」である。

①　主が道を有するか（五事の「道」に同じ）
②　将が有能か（五事の「将」に同じ）
③　天地を得ているか（五事の「天」と「地」を合わせている）
④　法令が整備され遵守されているか（五事の「法」に同じ。組織・制度・人事・教育・運用・装備・技術・会計等広範囲にわたる各種法令を指す）
⑤　兵衆孰(いず)れか強き…………（いずれの兵がよりよく強いか）
⑥　士卒孰れか練れたる……（いずれの士卒がよりよく熟練しているか）

⑦　賞罰孰れか明らかなる…（いずれがよりよく賞罰を明らかにして行われているか）

見ての通り、五事の項目（①〜④）に三項目（⑤〜⑦）が加えられている。三項目の読み下し文下段の（　）内の訳文はテキストによる。

追加された⑤〜⑦の内容をテキストの訳文に則って検討すると、全て④に包含されることになる。⑤は④の組織・運用・装備、⑥は同じく④の教育、⑦は④の人事、それぞれの分野で平時からマネジメントされている事項である。

すなわち、七計の評価要素は五事と重複しており、五事との違いが不明である。何故、三項目が追加されたのか？　この疑問に対する明快な解答は、いまだ誰も示すことができていない。多くの解説書が、原本の混乱から生じた重複であるとしている。テキストも同様の考えであるが、一歩踏み込んで「本来は五事の部分のみの記述であり、七計の部分は後人が付加した衍文である」との見解を示している。そのためであろう、本文の訳・解説には「七計」という言葉が使用されていない。

このように、これまで多くの人々によって、この「七計」の部分は理解不能とされ、不当に扱われてきたのである。言わば「二千年にわたる歴史的な謎」である。この謎に挑戦することが「知的冒険」であり、本著の第二の動機である。

「七計」は、彼我の兵力を分析・評価・集計してその優劣を判定する、というオペレーションズ・リサーチの手法のような科学的な思考手順で成り立っている。その評価要素が「五事」の評価要素と重複していると解釈され、判別不能のまま放置されている現状は、誠に残念である。

孫武が自ら非科学的な比較方法を提示したのであろうか。それとも不十分な解釈によるものであろうか。現在は前者とされているが、筆者は後者の立場をとり、新たな解釈を提案する。

「兵衆＝兵」は誤り？

テキストは、⑤の「兵衆」を単に「兵」としている。これでは、④に示されている平時の「五事」における「兵」とともに、⑥の「士卒」との区分がなされない。筆者は、まず単語の意味を確認した。

・兵衆の「兵」は先に見た通り「武器」の意味がある

・「衆」は一人の兵士ではなく「民衆」を意味する

・したがって、「兵衆」とは、武器に関する民衆のことである

・武器に関する民衆とは、兵士ではない非戦闘員の民衆により構成された、武器の製作や修理を担当する専門の職業集団である（筆者の独自の推量・判断）

・この集団は、平時からチーム編成されていたものではなく、有事に際し各地から徴用されて臨時に編成されたものであると考えるが、その新規に組まれたチーム力の強靭さが戦力の評価要素となるのである

【補足説明】

武器の製造・修理には多くの部品と作業工程が必要であり一人の力では完成できない。集団のチーム力の発揮が必要である。そのチーム力は強靭であることが求められる。強靭とは、生産能力・技術レベルが高く、有事の困難な状況下においても継続的に能力を発揮できる強さであり、脆弱でないことをいう

このように考えれば、⑤の「兵衆」は、平時の五事④の評価要素と区分可能である

とともに、⑥の「士卒」とも明快に区分される。したがって、科学的思考手順を保持できる。

同様に、有事の際に実施する臨時編成の考え方を⑥と⑦に適用することによって、これまで不可解とされてきた問題が解決する。平時のマネジメント項目である「五事」に加えて、有事の際に新規に準備する事項に関する評価要素が⑤⑥⑦であると考えれば良いのである。この考えは作戦準備期間の概念に一致する。

換言すれば、新たに時間軸を導入して、テキストやこれまでの解説書が内容的に区分不能としたものを見直したと言える。

【補足説明】

平時と有事の間には作戦準備期間がある。平時態勢から有事態勢へ移行するための期間である。その期間中に発生する事象は平時には無いものであるから、評価要素は五事と区分される。具体的には、兵站（後方支援態勢）の強化、徴兵及び新規の士卒に対する教育・訓練である。

すなわち、平時から作戦準備期間に移行すると、徴兵及び急速練成訓練等が実施されるので、その進行状況を評価するのである。

筆者は新しい解釈として次を提案する

提案・時間軸の導入（作戦準備期間中の準備活動状況の評価）

筆者⑤　徴用された武器を製造・修理する専門集団の実力・結束は、いずれが強固か

筆者⑥　徴兵され急速練成を受ける新規の士卒は、いずれが練度を上げているか

筆者⑦　新規の士卒に対する軍の規則と賞罰の教育は、いずれが明確に実施されているか

以上が筆者の提案する解釈である。時間軸の導入（作戦準備期間中の準備活動状況の評価）という新たな視点によって七計が科学的に成立することを証明し得たと自負している。図を参照されたい。

時間軸の導入（説明図）

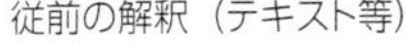

七計による状況判断

※五事と七計が未区分

結果的に評価要素が重複

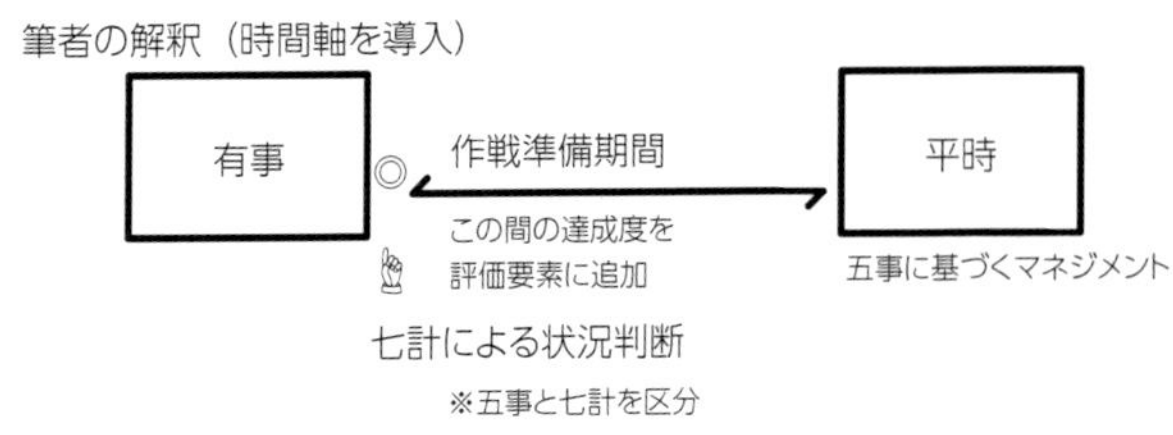

評価要素は独立

以上、第二章においては、テキストに存在する従前の解釈の謎を指摘し、新しい解釈を提案してきた。以下にその成果を略記する。

1　儒家思想の導入に起因する謎・「道」
・道は道徳ではなく、道理である

2　他篇との関連を軽視する謎・「兵は国の大事…」
・戦争は重大事件ではなく、軍備は大切な仕事である

3　軍事常識に齟齬する謎・「用を国に取り、糧は敵に因る」
・敵から奪うのではなく、敵地において食糧供給を継続する

4　科学的思考から離れる謎・「五事七計」
・重複しているのではなく、時間軸の導入によって区分可能である

第三章　全篇全文の読み解き

……知的冒険における探検経路の選択

……知的冒険の成果全容

郵便はがき

料金受取人払郵便

新宿局承認

3970

差出有効期間
2022年7月
31日まで
(切手不要)

160-8791

141

東京都新宿区新宿1－10－1

(株)文芸社

愛読者カード係 行

ふりがな お名前		明治 大正 昭和 平成 年生 歳
ふりがな ご住所	□□□-□□□□	性別 男・女
お電話 番　号	(書籍ご注文の際に必要です)	ご職業
E-mail		

ご購読雑誌(複数可)	ご購読新聞 新聞

最近読んでおもしろかった本や今後、とりあげてほしいテーマをお教えください。

ご自分の研究成果や経験、お考え等を出版してみたいというお気持ちはありますか。

ある　ない　内容・テーマ(　　　)

現在完成した作品をお持ちですか。

ある　ない　ジャンル・原稿量(　　　)

書　名				
お買上 書　店	都道 府県	市区 郡	書店名	書店
			ご購入日	年　　月　　日

本書をどこでお知りになりましたか?

1.書店店頭　2.知人にすすめられて　3.インターネット(サイト名　　　　　　)

4.DMハガキ　5.広告、記事を見て(新聞、雑誌名　　　　　　)

上の質問に関連して、ご購入の決め手となったのは?

1.タイトル　2.著者　3.内容　4.カバーデザイン　5.帯

その他ご自由にお書きください。

(　　　　　　　　　　　　　　　　　　)

本書についてのご意見、ご感想をお聞かせください。

①内容について

②カバー、タイトル、帯について

弊社Webサイトからもご意見、ご感想をお寄せいただけます。

ご協力ありがとうございました。

※お寄せいただいたご意見、ご感想は新聞広告等で匿名にて使わせていただくことがあります。

※お客様の個人情報は、小社からの連絡のみに使用します。社外に提供することは一切ありません。

■書籍のご注文は、お近くの書店または、ブックサービス(0120-29-9625)、セブンネットショッピング(http://7net.omni7.jp/)にお申し込み下さい。

前章で指摘した謎は代表例であり、『孫子』全篇には多くの謎が存在する。全篇全文について、それらを解明した新しい解釈を解りやすく提示することが、本章の目的である。

しかし、謎の全てを詳細に提示しようとすると極めて煩雑な形式にならざるを得ない。読者にも過大な負担を強いることとなろう。従って、それは別の機会に譲ることとし、本著では、孫武の意図と大きく外れるものに限り、適時指摘することとした。

近年に出版されている読み物的な『孫子』は、その著者本人が理解し得た部分のみを提示して説明しているものが多いが、筆者は、『孫子』の一部を説明するのではなく、軍事常識と科学的思考に立脚する一貫した態度で全篇全文を読み解いていることを重ねて強調しておきたい。

これまで、知的冒険が成立する四つの裏付けおよびそれに対応する四つの成果を提示したが、成果の説明に多くの紙面を費やしてしまった。これ以降は読者自身が冒険者となって新しい『孫子』の森を探検していただきたい。読者が安全かつ容易な道を進むことが可能な冒険の経路を設定するとともに、要所に案内板も用意した。対句等は原文の響きを残すように工夫したので、『孫子』の森の原風景を楽しむこともできる。臆することなく出発していただきたい。

1　第一篇「計」は全篇の総括的内容である

第二章1の「道」に関する議論のなかで既に述べたが、筆者自身の体験から得た次の二点を再度指摘したい。

・第一篇は他の篇を含めた総括的内容である
・短い語句の一つ一つが後の篇で述べられる深い意味をもった語句であり、『孫子』全文を読まなければ第一篇の内容は理解できない

この認識から筆者は第一篇「計」を最後とする理解しやすい読み方の順序を考案した。

言わば「知的冒険」の経路の設定である。次節で提示する。

2　理解しやすい読み解きの順序・「孫子マンダラ」（仮称）

各篇の関連を活用・第一篇「計」を最後とする

まず、第一章で明らかにした各篇の関連図をもとに、十三全篇をグループに分けた。

虚実グループ・・・①用間　②謀攻　③虚実
九地グループ・・・④作戦　⑤行軍　⑥地形　⑦九地　⑧九変
軍争グループ・・・⑨形　⑩勢　⑪火攻　⑫軍争
総括・・・・・・⑬計

それぞれのグループの概要は以下のとおりである。

虚実グループ（用間、謀攻、虚実）

虚々実々、戦いは駆け引きによって有利な態勢を築くことが大切である。そのために、間（間諜・スパイ）を用いて相手の情報を入手する。種々雑多な細切れの情報を整理・分析して状況判断に使用することは容易ではなく明晰な知能が求められる。また敵の間を味方に引き入れ重用して高度な情報を入手することができるのは、人格的資質に優れた明君・賢将のみである。高度な情報と状況判断によって、敵を上回る謀略を立て、敵の意図を挫くこと（謀攻）が最良の方策である。戦うのは次善の策であるが、戦う場合は自国自軍の保全を重視せよ。

九地グループ（作戦、行軍、地形、九地、九変）

作戦準備を整え、行軍して敵地に進出する。その際の守るべき注意点は多数ある。それは、通行路、宿営場所、進出地域、それぞれによって異なるが、地形及び九地

（九種類の地）の特性・道理を理解することが基礎となる。敵と遭遇した場合は、彼我の戦力比較とともに、所在する地形・地の道理に照らして状況判断し、対応行動をとることが重要であり、部隊の保全を達成する要訣である。なお、状況によっては、道理に反した行動（九変）によって敵の意表に出ることも許される。道理と変化を繰り返すことによって、我の意図や行動を秘匿して敵を翻弄し、主導しつつ有利に戦う。

軍争グループ（形、勢、火攻、軍争）

保全し充実した全軍を率いて敵と決戦する。我が企図した決戦の地に敵を誘導し、我は先着して態勢を整え敵を待ち構える。これが軍争の極意であり、迂直の計によって実現する。

不敗の態勢を保持しつつ、敵の隙を衝いて一気に攻撃して決着させる。全軍を一致団結させ戦力を集中することができるのは形（陣形）であり、強力な破壊力を発揮させることができるのは勢（兵士の必死な行動の相乗効果）である。火攻はそれを補強する。これらのことが実行できるのが賢将である。

総括（計）

作戦準備・行軍・決戦・勝利、一連の行動は平時から軍備をマネジメントしておくことが基礎となる。軍備のマネジメントは、五事（五分野：道・天・地・将・法）で行う。開戦の決断前には、間を通じて把握した敵の五分野の状況と比較する。このことから平時の態勢の彼我の優劣が判定できるが、最終決断は作戦準備間の諸活動の進捗状況を加えた総合評価の結果を用いる。この評価システムを「計」という。計の結果が我に有利であれば勝てる。勝てる見込みを得て開戦するので、勝利は間違いない。

孫子マンダラ（仮称）

次に読む順序を考慮しつつ、全篇を加えた関連図を作成した。

第一篇「計」を中心に据えて中央円とし、内円を三分割して虚実・九地・軍争を周囲に配置し、それぞれに関連の深いものを更に外円に加えたものである。全篇を網羅した関連図といえる。

読み方の順序は、総ての行動の基本となる敵情把握要領を示した第十三篇「用間」をスタートとし、外側から内側へ移動することを基本にしつつ、反時計回りとした。①～⑬の順である。

この図は今回筆者が考案したものである。『孫子』各篇の重みと相互関係を容易に理解し得るものと自負している。この図を筆者は「孫子マンダラ」と仮称する。

孫子マンダラ（仮称）

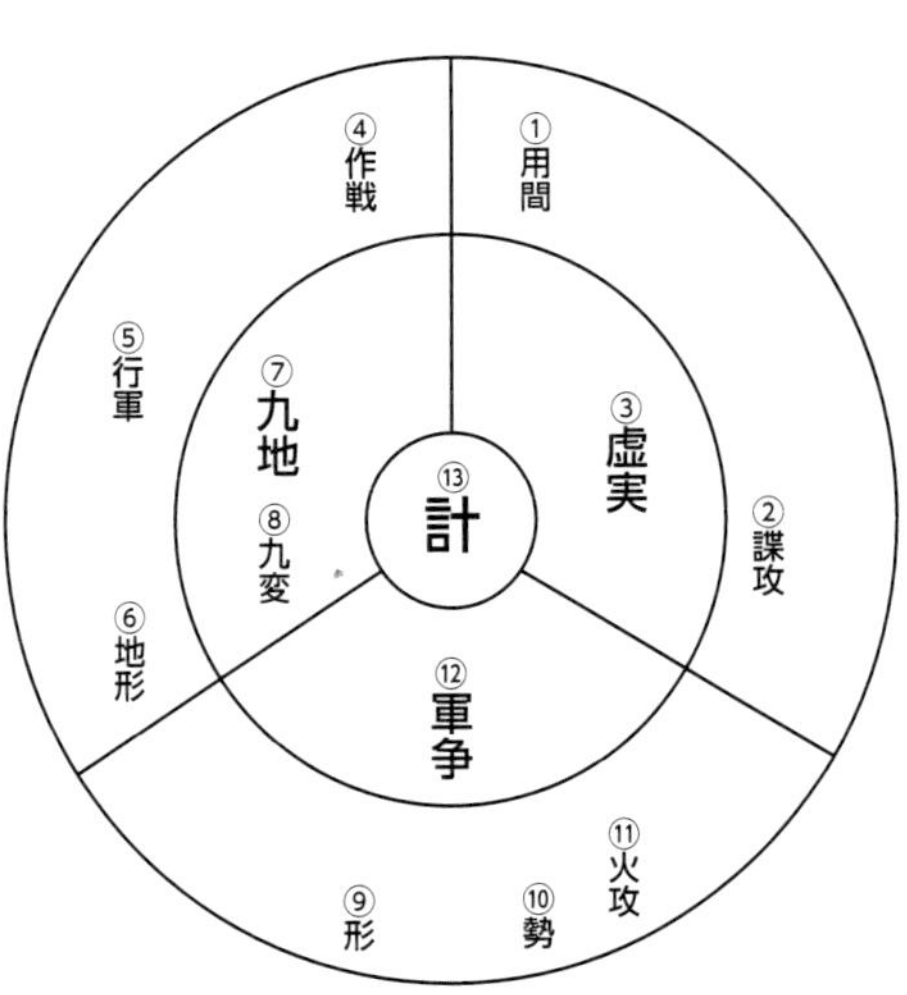

3　各篇の【原文】【読み下し】【解釈】

各篇の記述要領は次のとおりである。

・各篇冒頭に「○題意、◎解題」を簡潔に記した
・原文にはないが、読者の理解に供するため、筆者の判断で段落を設け、それぞれにサブタイトルを付した
・各段落には記号と名称を付した
　例…【①用間a事前に敵情を知る】⇩第一篇「用間」、段落a、サブタイトル「事前に敵情を知る」
・【解釈】では、前出の他篇において同様の語句が既に用いられている場合には、参照を促す記号「☞」とともに参照すべき語句とその段落を示した
　例…☞【日費千金①用間a事前に敵情を知る】⇩第一篇a段落の「日費千金」を参照せよ

・語、句、文の説明を都度（　）内に示したが、原文の語句をそのまま用いて解釈を進める場合には、その語句を**太文字**で示し（　）内にその訳を記した
・解釈の内容を補足するため原文には無い記述を付加する場合には［　］を用いた

①用間（ようかん）（虚実グループ・第十三篇）

【○題意、◎解題】①用間
○**用間**（ようかん）とは**間**（かん）（間者・スパイ）を用いることである
◎間を用いて敵の情報を得ることの必要性・重要性を説くとともに、用いる側（君主・将軍）の人格的要件を指摘している
◎『孫子』各篇で種々の戦い方が説かれているが、いずれも敵情を知ることが基礎となっている

軍事常識上、行動する前には状況判断のための情報収集が必要不可欠である。従って他の篇は、本篇の内容を前提としているものであるから、その内容の理解に資する

ため、筆者は本篇を冒頭に配置した。

ちなみに、本篇の段落dには、敵軍攻撃、攻城、要人殺害、いずれにおいても必ずその実施前に間を用いて必要な情報を入手せよ、という意の内容が記述されている。

a　事前に敵情を知る

【原文】①用間a事前に敵情を知る

孫子日、凡興師十萬、出征千里、百姓之費、公家之奉、日費千金。内外騒動、怠於道路、不得操事者七十萬家、相守数年、以争一日之勝。而愛爵禄百金、不知敵之情者、不仁之至也。非人之将也、非主之佐也、非勝之主也。故明君賢将所以動而勝人、成功出於衆者、先知也。先知者、不可取於鬼神、不可象於事、不可験於度。必取於人、知敵之情者也。故用間

【読み下し】①用間a事前に敵情を知る

孫子日(いわ)く

凡(およ)そ師(し)を興(おこ)すこと十万、出征(しゅっせい)すること千里ならば

百姓の費、公家の奉、日費千金
内外に騒動し、道路に怠りて、事を操れざるは七十万家なり
相守ること数年にして一日の勝を争う
しかるに、爵・禄・百金を愛しみ、敵の情を知らざるは不仁の至りなり
人の将に非ず、主の佐に非ず、勝の主に非ず
故に、明君・賢将の動きて人に勝ち功を成すこと衆より出ずる所以は、先に知ることなり
先に知るは、鬼神に取むべからず、事に象るべからず、度に験すべからず
必ず人に取りて敵の情を知るなり。故に間を用う

【解釈】①用間a事前に敵情を知る
孫子は言った（各篇の冒頭に用いられる慣用句である）
およそ十万人の軍を招集して外征させる距離が**千里**（約400㎞）であるならば**百姓の費**（民が供出させられる費用）と**公家の奉**（王室が賄う費用）は**日費千金**（一日当たり千金・筆者試算約10億円）が必要となる
民は不安に駆られて家の内外で慌て騒ぎ、疲れて道路に倒れ伏し、家業を正常に営め

ないのは七十万家に及ぶ
彼我の軍が対峙すること数年を経た後、短期日での勝利を争う
そのように膨大な費用と労力を費やすのに、**間**（間者・スパイ）に与える官位・俸給・報償金を惜しんで間を用いず、その結果、敵情を知らないことは**不仁の至り**（民を思いやる心のないこと）甚だしい
人の将（人の上に立つ将軍）とは言えない。**主の佐**（君主の補佐役）とも言えない。**勝の主**（勝敗を決する主体者）とも言えない
故に（もとより、そもそも）**明君賢将**（聡明な君主・賢い将軍）が軍を動かしては敵に勝ち功を成すことが抜群である理由は、戦う前に敵情を知るからである
事前に知るためにすることは、鬼神に祈祷することではない、亀甲や筮竹の象で占うことでもない、太陽や月や星の位置を調べることでもない
必ず人から情報を聴取して敵情を知るのである。そのために間を用いるのである

b　五種類の間

【原文】①用間b五種類の間

有五。有因間、有内間、有反間、有死間、有生間。五間共起莫知其道。是謂神紀、人君之宝也。因間者因其郷人而用之。内間者因其官人而用之。反間者因其敵間而用之。死間者為誑事於外、令吾間知之而伝於敵間。生間者反報也

【読み下し】①用間b五種類の間

五有り。因間有り、内間有り、反間有り、死間有り、生間有り

五間、共に起り、その道を知る莫し

之を神紀という

人君の宝なり

因間は、その郷人に因りて之を用う

内間は、その官人に因りて之を用う

反間は、その敵間に因りて之を用う

死間は、誑りの事を外に為し吾間をして之を知らせしめて敵間に伝うなり

生間は、反りて報ずるなり

【解釈】①用間b五種類の間

間は五種類ある。**因間**、**内間**、**反間**、**死間**、**生間**である

この五種類の間は、時期を同じくして起用するが、間本人にはその目的を知らせない

[従って間がそれぞれ伝えてくる情報は種々雑多なものとなるが、そのバラバラな情報を整理して敵情を探りあてること]

これを**神紀**（神の整理。神業。極めて優れた整理能力）という

神紀の能力を持つ将軍は（暗に孫武自身を指す）**君主の宝**である

因間は、敵国の郷人を我が間として用いる

内間は、敵国の官人を我が間として用いる

反間は、敵の間を寝返りさせて我が間として用いる

死間は、自国の外で虚偽の事実を捏造し、風評を流し広めることによって、敵の間に虚偽情報を信じさせて敵国へ報告させる（虚偽が露見した場合には敵に殺されることになるため、死を覚悟した行動である）

生間は、敵国に侵入した後、帰国し報告する

C　間を用いる者の資質

【原文】①用間c間を用いる者の資質

故、三軍之事莫親於間、賞莫厚於間、事莫密於間、非聖智不能用間、非仁義不能使間、非微妙不能得間之実。微哉微哉、無所不用間也。間事未発而先聞者、間与所告者皆死

【読み下し】①用間c間を用いる者の資質

故に
三軍の事は間より親しきは莫く、賞は間より厚きは莫く、事は間より密かなるは莫し
聖智に非ざれば、間を用うる能わず、微なるかな、微なるかな
仁義に非ざれば、間を使う能わず
微妙に非ざれば、間の実を得る能わず
間を用いざる所無し。間の事、未だ発せずして先ず聞こゆれば、間とともに告ぐる者、皆死す

【解釈】①用間ｃ間を用いる者の資質

故に（もとより。理由を示すのではなく話題を転じる時に用いる慣用句である。筆者は段落の冒頭とした）

三軍（軍全体）の事項について間ほどに熟知している者はいない、褒賞は間ほど手厚く受ける者はいない、仕事は間ほど秘密を要する者はいない

［したがって、間を用いる者の資質については次のように言える］

聖智（非常に優れた知恵者）でなければ間を用いることはできない。密やかに密やかに（全てのことを秘密裏に実施しなければならない）

仁義（仁愛と義理に深い者）でなければ間を使う事が出来ない

微妙（奥深いことを理解できる者）でなければ間の報告から真実を知ることができない。全ての場面で間を用いるが、間が間としての仕事をいまだ開始していない段階で先に素性が露見してしまった場合は、その間だけではなく密告した者も含めて関係者全員を殺す必要がある

d　間の用い方・反間の重要性

【原文】①用間d間の用い方・反間の重要性

凡、軍之所欲撃、城之所欲攻、人之所欲殺、必先、知其守将左右謁者門者舎人之姓名、令吾間必索知之。必索敵人之間来間我者、因而利之、導而舎之、故反間可得而用也。因是而知之故郷間内間可得而使也。因是而知之故死間為誑事可使告敵。因是而知之故生間可使如期。五間之事、主必知之。知之必在於反間。故反間不可不厚也

【読み下し】①用間d間の用い方・反間の重要性

凡そ

軍の撃たんと欲する所、城の攻めんと欲する所、人の殺さんと欲する所、必ず先ず、その守将・左右・謁者・門者・舎人の姓名を知るに、吾間をして必ず之を索め知らしむ

必ず敵人の間の来りて我を間する者を索め、因して之を利し、導きて之を舎す、故に反間は得て用うべきなり

是に因りて之を知るが故に、郷間・内間は得て使うべきなり

是に因りて之を知るが故に、死間は誑事を為して敵に告げしむべし
是に因りて之を知るが故に、生間は期する如くならしむ可し
五間の事、主必ず之を知る
之を知るは必ず反間に在り、故に反間は厚くせざるべからずなり

【解釈】①用間d間の用い方・反間の重要性

凡そ（おおむね、大略、一般に。故と同様に話題を転じている、段落の冒頭とした）
敵の軍を攻撃しようとする場合、城を攻め落とそうとする場合、要人を殺害しようとする場合、いずれにおいても必ずその実施前に、その守備軍の将軍・左右の武将達・取次役・門番・宿直の姓名を知る必要があり、間に命じてその姓名を必ず探知させる
これは敵も同様であり、敵の間が必ず潜入して来て我が状況を探るはずだから、その間を見つけ出し、継続して利益を与え、誘導して長く逗留させる。そうすることによって反間を得ることができる
［反間を得ることができれば］
反間を通じて必要な情報を知ることによって、因間・内間を得て用いることができる
反間を通じて必要な情報を知ることによって、死間は偽り事を行い敵に偽情報を伝え

ることができる

反間を通じて必要な情報を知ることによって、生間は指定の報告期限までに帰国することができる

五種の間の仕事について、君主は必ず知っておかなくてはならない

五種の間の仕事を知るための情報は必ず反間を通じて得ることとなるので、反間は手厚く処遇すべきである

e　上智（官職が高い知恵者）から全軍行動の根拠を得る

【原文】①用間d上智から全軍行動の根拠を得る

昔、殷之興也伊摯在夏。周之興也呂牙在殷。故惟明君賢将能、以上智為間者、必成大功。此兵之要、三軍之所恃而動也

【読み下し】①用間d上智から全軍行動の根拠を得る

昔、殷の興るや、伊摯、夏に在り

周の興るや、呂牙、殷に在り

故に、惟だ明君・賢将のみ、能く上智を以て間となす者にして、必ず大功を成す

此れ兵の要、三軍の恃みて動く所なり

【解釈】①用間d上智から全軍行動の根拠を得る

昔（紀元前十六世紀頃、孫武の時代から十一世紀前）、殷の建国の時には、夏に**伊摯**がいた

周の建国の時には、殷に**呂牙**がいた（彼等は滅んだ夏・殷の要人であったが暴虐な主君を見限り、内間として、それぞれ、殷の湯王・周の武王のために働いた）

この先例のように、**明君・賢将**（賢将は暗に孫武）のみが**上智**（官職が高い知恵者）を我が間として用いことができるのであり、必ず大成功する

これが**兵の要**（軍事の枢要事項）であり、全軍を行動させる際の根拠となるのである

②謀攻（虚実グループ、第三篇）

【〇題意、◎解題】②謀攻

○ **謀攻**（ぼうこう）とは**謀**（はかりごと。謀略）を用いて攻撃することである

（後に見るが、火を用いて攻撃することを火攻とするのと同様の命名である）

◎ 戦わずに敵を屈服することが最善であるが、戦う場合でも我の損害が少ない戦法を選択すべきである

◎ 戦闘は有能な将軍に任せ、君主は口を挟まないことが必要である

a　最善策は自国の保全・敵の謀を消滅

【原文】②謀攻a最善策は自国の保全・敵の謀を消滅

孫子曰。凡用兵之法、全国為上破国次之、全軍為上破軍次之、全旅為上破旅次之、全卒為上破卒次之、全伍為上破伍次之。是故百戦百勝非善之善者也、不戦而屈人之兵善之善者也、故上兵伐謀、其次伐交、其次伐兵、其下攻城

【読み下し】②謀攻a最善策は自国の保全・敵の謀を消滅

孫子曰く。凡そ用兵の法、

国を全うするを上と為し、国を破るは之に次ぐ

軍を全うするを上と為し、軍を破るは之に次ぐ
旅を全うするを上と為し、旅を破るは之に次ぐ
卒を全うするを上と為し、卒を破るは之に次ぐ
伍を全うするを上と為し、伍を破るは之に次ぐ
是の故に、百戦百勝は善の善なるに非ず
戦わずして人の兵を屈するは善の善なるなり
故に
上兵は謀(ぼう)を伐(う)つ
其の次は交を伐つ
其の次は兵を伐つ
其の下は城を攻む

【解釈】②謀攻a最善策は自国の保全・敵の謀を消滅
孫子は言った。そもそも**用兵の法**(戦争の基本原則)は
自国を**保全**することを第一義とし、敵国を撃破することは次善の策である
自国の軍を**保全**することを第一義とし、敵国の軍を撃破することは次善の策である

自国の旅団を**保全**することを第一義とし、敵国の旅団を撃破することは次善の策である

自国の部隊を**保全**することを第一義とし、敵国の部隊を撃破することは次善の策である

自国の分隊を**保全**することを第一義とし、敵国の分隊を撃破することは次善の策である

従って、**百戦百勝**は最善の策ではない（戦えば必ず損耗が生じ軍を全うできない）

戦わずに敵を屈服させるのが最善である

その故に次のように言える

最善策は敵の**謀**（謀略。戦略。戦争目的）を**伐つ**（害する。消滅させる。無意味なものとする）ことである（攻撃を断念させれば、我は国と軍を保全することができる）

次善策は敵の**交**（他国との外交・同盟）を伐つことである（敵を孤立させることによって、攻撃を断念させることができる）

その次が敵の兵力を伐つことである（敵の兵力を損耗させ戦争遂行能力を消滅させる、ただし我の損害を覚悟しなければならない）

最下策は攻城戦である（自軍の兵力の損耗が甚大である）

b　攻城戦は最下策

【原文】②謀攻b攻城戦は最下策

攻城之法為不得已。修櫓轒轀具器械、三月而後成。距闉又三月而後已。将不勝其忿而蟻附之、殺士三分之一而城不抜者此攻之災也

【読み下し】②謀攻b攻城戦は最下策

攻城の法は已を得ざるが為なり
櫓・轒轀を修め器械を具う、三月にして後に成る
距闉又三月にして後に已む
将、其の忿りに勝えずして之に蟻附し、士を殺すこと三分の一にして城抜けざるは、此れ
攻の災なり

【解釈】②謀攻b攻城戦は最下策

攻城戦は最下策であり、やむを得ない場合のみに行うものである

その手順としては、まず**櫓**（やぐら）・**轒轀**（城攻め用四輪車）・その他の器材を準備する必要がある。三カ月後に準備が整う

距闉（城に接する土手、兵を敵城に侵入させる土盛施設）の土木工事は更に三カ月かかる

将軍が準備に長期間要することに耐え切れず憤って距闉の完成を待たずに兵を城壁に**蟻附**（蟻のように這い登る）させて攻撃すると、兵士の三分の一が殺されてしまい結局は城を落とせなくなるのは、攻城戦の災である

c　謀攻の法・国の保全

【原文】②謀攻 c 謀攻の法・国の保全

故善用兵者屈人兵而非戦也。抜人城而非攻也。毀人国而非久也。必以全争於天下。故兵不頓而利可全。此謀攻之法也

【読み下し】②謀攻 c 謀攻の法・国の保全

故に、善き用兵は

人の兵を屈するも戦う非ざるなり
人の城を抜くも攻むる非ざるなり
人の国を毀(やぶ)るも久しきに非ざるなり
必ず全を以って天下に争う
故に兵頓(やぶ)れずして利全たるべし
これ謀攻の法なり

【解釈】②謀攻c謀攻の法・国の保全
従って、故に最善の用兵は
敵兵を屈服させるが戦わない
敵城を落とすが攻城戦は行わない
敵国を破るが長期間戦わない
必ず国を保全することを目的として戦う
故に、兵力を温存して国益を保全できる
これが**謀攻の法**（謀攻の原則・要訣・道理）である

d　用兵の法・兵力差に応じた戦法

【原文】②謀攻d用兵の法・兵力差に応じた戦法

故用兵之法、十則囲之、五則攻之、倍則分之、敵則能戦之、少則能逃之、若則能避之、
故小敵之堅大敵之擒也

【読み下し】②謀攻d用兵の法・兵力差に応じた戦法

故に、用兵の法
十なれば則ち之を囲み
五なれば則ち之を攻め
倍なれば則ち之を分ち
敵すれば則ち能く之と戦い
少なければ則ち能く之を逃る
故に小敵の堅(けん)は大敵の擒(きん)なり

【解釈】②謀攻d用兵の法・兵力差に応じた戦法

そもそも、**用兵の法**（戦闘場面における兵力保全を原則とする兵力差に応じた戦法の基本）は次のとおりである［我の兵力が敵の］

十倍であれば包囲する

五倍であれば攻撃する

二倍であれば敵を分断する

同数であれば覚悟して懸命に戦う

少なければ逃げる

極めて劣勢であれば退避する

少ない兵力で勇猛果敢に闘ったとしても、結局は大軍に囲まれて敗戦し敵の**擒**（とりこ）になってしまうからである

e　将軍に任せよ・君主は口を出すな

【原文】②謀攻e将軍に任せよ・君主は口を出すな

夫、将者国之輔也。輔周則国必強、輔隙則国必弱。故君之所以患於軍者三。不知軍之

不可以進而謂之進、不知軍之不可以退而謂之退、是謂縻軍。不知三軍之事而同三軍之政者、則軍士惑矣。不知三軍之権而同三軍之任者、則軍士疑矣。三軍既惑且疑則諸侯之難至矣。是謂乱軍引勝

【読み下し】②謀攻e将軍に任せよ・君主は口を出すな

夫れ

将は国の輔なり

輔、周なれば則ち国必ず強く、輔、隙なれば則ち国必ず弱し

故に君の軍に患する所以、三あり

軍の進む可からずを知らずして之に進めと謂い、軍の退く可からずを知らずして之に退けと謂う、是を縻軍と謂う

三軍の事を知らずして、三軍の政を同じにすれば則ち軍士惑う

三軍の権を知らずして、三軍の任を同じにすれば則ち軍士疑う

三軍既に惑い且つ疑うは、即ち諸侯の難至らん

是を乱軍引勝と謂う

【解釈】②謀攻e将軍に任せよ・君主は口を出すな

夫れ（それ、いったい。発語の言葉である。故・凡と同様に段の冒頭の語句とした）

将軍は**国の輔**（国王の補佐）である ☞【主の佐①用間a事前に敵情を知る】

輔が**周**（ゆきとどく）ならば国は必ず強い。輔が**隙**（隙だらけ）ならば国は必ず弱い

従って［君主は口を出さず将を信頼し仕事に専念させるべきであるが］**君主の患**（君主の行為で軍が患うこと）が三つある。

［第一は］進軍すべきでない時に進めと言い、退却すべきでない時に退けと言うこと、これを**縻軍**（軍を束縛する）という

［第二は］**三軍の事**（全軍に係る軍事的な事項・役目・責任）を知らずに軍政に口出しすること、そうすると将軍も兵士も困惑する

［第三は］**三軍の権**（全軍それぞれの権限・役割分担）を知らずに任務遂行に口出しすること、そうすると将兵は疑い信じなくなる

三軍が惑いかつ疑う状態に陥ると、**諸侯の難**（諸侯達の不協和・反乱）が起こる

これを**乱軍引勝**（軍を乱し勝を引く・勝ちを自ら無くしてしまう）という

f　彼を知り己を知れば百戦して殆からず

【原文】②謀攻f彼を知り己を知れば百戦して殆からず

故、知勝有五。知可以戦与不可以戦者勝。識衆寡用者勝。上下同欲者勝。以虞待不虞者勝。将能而君不御者勝。此五者知勝之道也。故曰、知彼知己者百戦不殆。不知彼而知己一勝一負。不知彼而不知己毎戦必殆

【読み下し】②謀攻f彼を知り己を知れば百戦して殆からず

故に、勝を知るに五有り
以て戦う可きと以て戦う可からざるを知るは勝つ
衆寡の用を識るは勝つ
上下欲を同じうするは勝つ
虞を以て不虞を待つは勝つ
将、能にして君御せざるは勝つ
此の五は勝ちを知るの道なり
故に曰く

彼を知り己を知れば百戦して殆（あやう）からず

彼を知らずして己を知れば一勝一負す

彼を知らず己を知らざれば戦う毎に必ず殆し

【解釈】②謀攻f彼を知り己を知れば百戦して殆（あやう）からず

一般的に、勝てると判断しても良い場合は五つある

[第一] 戦うことが可能か否か知れば勝つ ☞**【敵情①用間a事前に敵情を知る】**

[第二] **衆寡の用**（敵と比した兵力の大小とそれに応じた用兵の原則）を心得ていれば勝つ ☞**【用兵の法②謀攻d用兵の法・兵力差に応じた戦法】**

[第三] **上下**（将軍と兵士）が欲を同じく（戦う必然性を共有）していれば勝つ（注）

（注）テキストは「君主と国民とが同じことを欲し求めているならば、戦って勝つ」としている。この訳は、上の君主が道徳に則って行動すれば下の国民は君主と心を一にするという徳治政治の思想を背景とする。即ち『孫子』に儒家思想を導入しているのであるが、すでに第一章1および第二章1で指摘したとおり、孫武が儒家思想に影響を受けた可能性は全くない。

また、本段落の［第一］［第二］［第五］は戦場における戦術・戦法に関する記述であるとともに、［第五］は戦いの主役は将軍であるとして君主の影響力を排除していることから、［第三］で上下を君主と国民と解釈することは全体の論旨から逸脱している。筆者は上下を将軍・兵士と解釈する。

［第四］**虞**して（危惧、心配し考慮深く用意周到に備えて）**不虞**（不用意な敵）を待ち受ける態勢をとれば勝つ

［第五］将が有能で君主が口出ししなければ勝つ　☞【君主の患②謀攻e将軍に任せよ・君主は口を出すな】

この五つは勝利を見定める際の**道**（どう）（道理、当然帰着する結果）である

故に言う

彼（敵）を知り我を知れば百戦して敗けることはない

彼を知らず我を知れば一勝一敗である

彼を知らず我を知らなければ、戦う度に必ず危ない

③虚実（虚実グループ、第六篇）

【○題意、◎解題】③虚実

○虚実とは、**虚**（うそ。存在しない。無防備・隙）と**実**（まこと。実在する。堅実・実力）の変化・組合せを意味する

○虚実を用いて敵を翻弄して我が主導権を握り戦いを有利に進める

◎利・害を見せて敵を誘導・退避させることによって敵に虚を生じさせ、そこを攻撃する

◎我の所在や意図を秘匿すれば、敵は守備場所を多く設置せざるを得ないので兵力が分散する。我は兵力を集中して攻撃する

a　主導権を握る

【原文】③虚実 a 主導権を握る

孫子曰。凡、先処戦地而待敵者佚、後処戦地而赴戦者労、故善戦者致人而不致於人

【読み下し】③虚実a主導権を握る

孫子曰く。凡そ
先に戦地に処して敵を待つは佚し
後れて戦地に処して戦いに赴くは労す
故に善き戦いは、人を致して人に致されず

【解釈】③虚実a主導権を握る

孫子は言った。おおよそ（用兵の道理は）
先に戦地に陣を敷いて敵を待つことであり、余裕を持って態勢を整えることができる
後れて戦地に到着して戦闘するのは不利であり、兵は移動間の疲労があるままに戦わざるを得ない
それが戦いの要訣であり、そのためには主導権を自らが握り、敵を誘導して敵に誘導されないことが重要である

b　敵を誘導する

【原文】③虚実b敵を誘導する

能使敵人自至者利之也。能使敵人不得至者害之也

【読み下し】③虚実b敵を誘導する

能く敵人をして自ら至らしむは之を利すればなり

能く敵人をして至るを得ざらしむは之を害すればなり

【解釈】③虚実b敵を誘導する

敵の部隊がある場所に移動するのは、その場所が有利であると見るからである

（我がそのように見せれば敵は自らの判断で移動する）

逆にその場所が不利であると思わせれば敵の部隊が移動して来ることはない

ｃ　敵を翻弄する

【原文】③虚実ｃ敵を翻弄する

故敵佚能労之、飽能飢之、安能動之

【読み下し】③虚実ｃ敵を翻弄する

故に敵**佚**すれば能く之を労し

飽せば能く之を飢えしめ

安ずれば能く之を動す

【解釈】③虚実ｃ敵を翻弄する

［このようにして敵を誘導するとともに、敵の状況を見て次のように敵を翻弄する］

敵が余裕を持って安逸にしていれば（種々の方策によって翻弄し）苦労させる

十分に食べていれば（食料補給路を遮断する等の方策により）飢えさせる

安心していれば（攻撃姿勢を見せる等の方策により）動揺させる

d　我の意図を秘匿する

【原文】③虚実d我の意図を秘匿する

出其所不趨趨其所不意、行千里而不労者行於無人之地也。攻而必取者攻其所不守也。守而必固者守其所不攻也。故善攻者敵不知其所守、善守者敵不知其所攻、微乎微乎至於無形、神乎神乎至於無声、故能為敵之司命、進而不可御者衝其虚也。退而不可追者速而不可及也

【読み下し】③虚実d我の意図を秘匿する

其の趨（すう）せざる所に出で、其の**意（い）せざる所**に趨す
千里を行きて労せざるは、無人の地を行けばなり
攻めて必ず取るは、其の守らざる所を攻むればなり
守りて必ず固きは、其の攻めざる所を守ればなり
故に
善く攻むるは、敵、其の守る所を知らず
善く守るは、敵、其の攻むる所を知らず

微（び）なるかな、微なるかな、無形に至る
神（しん）なるかな、神なるかな、無声に至る
故に能く敵の司命を為す
進みて禦（ふせ）ぐ可からざるは、其の虚を衝けばなり
退きて追う可からざるは、速やかにして及ぶ可からざればなり

【解釈】③虚実d我の意図を秘匿する
敵が急進できない場所に我が進出し、敵が考慮しない場所に我が急進する
千里に及ぶ遠征でも苦労しないのは敵のいない場所を行くからである
攻撃して必ず目標を奪取できるのは敵が守備していない所を攻撃するからである
我が固く守備することができるのは敵が攻撃しない所を守るからである
従って次のように言える
我の攻撃が成功するのは、**敵が自分の守るべき所**（我の攻撃場所）が分からないからである
我の守備が成功するのは、**敵が攻めるべき所**（我の守備する場所・居所）が分からないからである

秘密裏に行動すれば、敵からは我の姿・形が見えなくなる
神業的な極めて優れた統率を繰返せば、敵からは我の気配や行動の意図が分からなくなる
こうして敵の**司命**（生命の支配者）となり勝利する。
我が進攻して敵が防御できないのは、敵の**虚**（守っていない所）を衝くからである
我が退却して敵が追撃できないのは、退却の速度が速いので追いつけないからである

e　敵の兵力を分散する

【原文】③虚実e敵の兵力を分散する
故我欲戦、敵雖高塁深溝不得不与我戦者攻其所必救也。我不欲戦畫地而守之敵不得与我戦者乖其所之也。故形人而我無形則我専而敵分、我専為一敵分為十是以十攻其一也。則我衆而敵寡、能以衆撃寡者則吾之所與戦者約矣。吾所与戦之地不可知、不可知則敵所備者多、敵所備者多則吾所與戦者寡矣

【読み下し】③虚実e敵の兵力を分散する

故に、我戦わんと欲すれば
敵、塁を高くし溝を深くすと雖も、我と戦わざるを得ざるは
其の必ず救う所を攻むればなり
我、戦を欲せざれば
地に畫して之を守るも、敵、我と戦うを得ざるは
其の之く所を乖せばなり
故に人を形して我無形なれば
則ち我専にして敵分す
我専にして一と為り、敵分かれて十と為らば
是れ十を以て其の一を攻むるなり
則ち我衆にして敵寡なり
能く衆を以て寡を撃てば、則ち吾の與に戦う所は約なり
吾が與に戦う所の地、知る可からず、知る可からざれば、敵の備うる所多し
備うる所多ければ吾が與に戦う所の者寡なり

【解釈】③虚実e敵の兵力を分散する

そもそも、我が戦闘しようと望む場合
敵が塁を高くし溝を深くして防御に徹するつもりだったとしても、その陣地を出て我と戦わざるを得なくなるのは
敵が必ず救援するであろう所を攻めるからである
我が戦いを望まない場合
我が高い塁や深い溝を構築せずに、土地に境界線を引くという簡単な守りだけで守備しても、敵が我と戦うことができないのは
敵の進攻場所（我の居場所）を事前に離れるからである
従って、敵を**形**して（見える所に位置させて）我は**無形**（位置を秘匿）であれば
我は**専**（専一・一つに結集）して敵を**分**（分散・分割）できる
我が専にして一となり敵が分して十となれば
これは我が十倍の兵力でもって敵の一を攻撃できるということである
則ち我が**衆**（多く）敵が**寡**（少ない）である
衆を以って寡を攻撃できれば、我軍が敵と戦う場所を**約**（節約・限定）できる
逆に敵は我と戦う場所を特定できないので守備する場所が多くなる

多くなれば兵力が分散される。則ち我が攻撃する場所には敵兵が寡となる

f 会戦の時と場所を主体的に決める

【原文】③虚実f会戦の時と場所を主体的に決める

故備前則後寡、備後則前寡、備左則右寡、備右則左寡、無所不備則無所不寡、寡者備人者也。衆者使人備己者也。故知戦之地知戦之日則、可千里而会戦、不知戦地不知戦日則、左不能救右、右不能救左、前不能救後、後不能救前、而況遠者数十里近者数里乎。以吾度之、越人之兵雖多亦奚益於勝敗哉、故日、勝可為也、敵雖衆可使無闘。故策之而知得失之計、作之而知動静之理、形之而知死生之地、角之而知有余不足之処

【読み下し】③虚実f会戦の時と場所を主体的に決める

故に
前に備えれば則ち後寡く、後に備えれば則ち前寡く
左に備えれば則ち右寡く、右に備えれば則ち左寡し
備えざる所無ければ則ち寡ならざる所無し

寡は人に備うるなり
衆は人をして己に備えしむるなり
戦いの地を知り、戦いの日を知れば、則ち千里にして会戦す可し
戦いの地を知らず、戦いの日を知らざれば
左、右を救う能わず、右、左を救う能わず
前、後を救う能わず、後、前を救う能わず
而るを況(いわ)んや遠きは数十里、近きは数里なるをや
吾を以て之を度(ど)するに、越人の兵多しと雖(いえど)も亦奚(またなん)ぞ勝敗に益あらん
故に曰く、勝は為す可きなり、敵、衆と雖も闘うことなからしむ可し、と
故に
之を策して得失の計を知り
之を作して動静の理を知り
之を形して死生の地を知り
之を角して有余不足の処を知る

【解釈】③虚実f会戦の時と場所を主体的に決める

もとより
前に備えると後が寡となり、後に備えると前が寡となり
左に備えると右が寡となり、前に備えると後が寡となり
全てに備えると全てが寡となる
寡は敵が我に備えるから敵に生じ
衆は敵に備えることを強要することによって我に生じるのである
（我は衆、敵は寡の状況を作るので）戦いの場所と日時を主体的に決めれば千里の遠征をして会戦することができる
逆に主導権のない敵は、戦いの場所と日時を主体的に決められないので我の攻撃に対して左の部隊は右の部隊を救援できず、右の部隊は左の部隊を救援できず
前の部隊は後の部隊を救援できず、左の部隊は右の部隊を救援できない
更に言えば、部隊間が遠くて数十里、近くて数里離れていれば、救援できる訳がない
私（孫武）が距離を計算して考えるに、呉の敵の越の兵が多いといっても、越が有利であるとはいえない
故に、勝利は作為して得ることができる、敵が衆であっても闘わせない（その数的優位を発揮させない）ことができる、と言える

［それを実行するためには、諸情報を収集し判断することが必要である］即ち敵情を探って**得失の計**（得たものと失ったもの、兵員・食料・装備等の充足状況）を知り敵に**作用**（影響を与えて反応を観察）して**動静の理**（我が動くべきか動かざるべきかの道理）を知り

敵の位置・陣形を見定めて我にとっての**死生の地**（死地・生地の場所）を明らかにし敵と接触して敵兵の**有余不足の処**（余裕ある所と不足している所）を知るのである

g　陣形は無形に至る

【原文】③虚実g陣形は無形に至る

故形兵極至於無形、無形則、深間不能窺智者不能謀、因形而錯勝於衆不能知、人皆知我所以勝之形、而莫知吾所以制勝之形、故其戦勝不復而応形於無窮

【読み下し】③虚実g陣形は無形に至る

故に、兵を形するの極は無形に至る

無形なれば則ち、深間も窺う能わず、智者も謀る能わず

形に因(よ)りて勝を衆に錯(さく)すも衆知る能わず
人皆我が勝つ所以(ゆえん)の形を知りて、吾が勝ちを制する所以の形を知る莫し
故に其の戦い勝つに復びせずして、形を無窮に応ず

【解釈】③虚実g陣形は無形に至る

そもそも、**形**（陣形）を整える際の最も優れた究極のものは**無形**（所在位置の秘匿）である
無形ならば則ち、深く侵入した**間**（間者）も我の状況を窺い知ることができないので
敵は智者であっても策謀することができない
敵の形に応じて、敵を寡、我を衆の状態に導いて勝利するが、我の兵士はそれを知ることはない
人々は皆、我の勝利した時の形を知るが、我が勝ちを制する時に用いた形を知らない
従って、我の勝利は再び同じ形とはならず、形は敵の状況に応じて**無窮に変化**する

h　水の如く常形なし

【原文】③虚実h水の如く常形なし

夫兵形象水、水之形避高而赴下、兵之形避実而撃虚、水因地而制流、兵因敵而制勝、故兵無常勢水無常形、能因敵変化而取勝者、謂之神。故五行無常勝、四時無常位、日有短長、月有死生

【読み下し】③虚実h水の如く常形なし

夫れ、兵の形は水に象す
水の形は高きを避けて下きに赴き、兵の形は実を避けて虚を撃つ
水は地に因りて流を制し、兵は敵に因りて勝を制す
故に、兵は常勢無く、水は常形無し
能く敵に因りて変化し而して勝を取るは之を神と謂う
故に
五行無常勝
四時無常位

日に短長有り
月に死生有り

【解釈】③虚実h水の如く常形なし
一般に、**兵**（戦闘・戦術・戦法）の形は水に象徴される
水が高所から低所へと流れるように、兵は**実**（敵の兵力が充実している所）を避けて**虚**（隙手薄な所）を攻撃する
水が地形に応じて流れを変えるように、兵は敵情に応じて変化し勝利を得る
故に、兵には**常勢**（固定した態勢）がない、水には常形がない（絶え変化する）という敵情に応じて変化し勝利することができるのは**神**（神業、非常に優れた統率力を備えた将軍）である。［自然界の摂理でいうと次のとおりとなる］
五行（木火土金水）では常勝がない（木火土金水が循環して生滅・勝ち負けを繰返すので常に勝つものはない）
四時（四季）は常に変化する
日（太陽・昼間の長さ）には長短がある
月には**死生**（満ち欠け）がある

④作戦（九地グループ、第二篇）

【○題意、◎解題】④作戦2

○作戦という題ではあるが具体的な作戦実施ではなく、**作戦準備**を意味している

◎宿敵・越を念頭に置き、十万の軍を遠征させる際の具体的な準備事項を明らかにした

◎特に後方支援を重視しており、国家財政を破綻を避けつつ**継戦能力**を維持する方策を示している

a　作戦準備

【原文】④作戦a作戦準備

孫子曰、凡用兵之法、馳車千駟、革車千乗、帯甲十万、千里饋糧、即内外之費、賓客之用、車甲之奉、膠漆之材、日費千金、日費千金、然後十萬之師挙矣

【読み下し】④作戦a作戦準備

孫子曰く、凡そ用兵の法
馳(ち)車千駟
革車千乗
帯甲十萬
千里の饋(き)糧
即、内外之費
賓客之用
膠漆(こうしつ)之材
車甲之奉
日費千金
然る後に十萬の師挙がる

【解釈】④作戦a作戦準備

孫子は言った。用兵の原則は事前の準備を確実に行うことである

馳車（四頭立ての戦闘用馬車）千輛

革車（革の保護カバー付き輸送車・輜重車）千台
帯甲（兵士の個人装具・鎧）十万着
千里の先まで行軍するに必要な**糧**（食糧）☞【千里①用間a事前に敵情を知る】
国の内外で必要とする**費**（経費）
賓客に関する**用**（費用）
膠漆の材（にかわ、うるし。車両補修用の材料）
車甲の奉（王室から供出する車・帯甲）
日費千金（日額千金の費用）☞【日費千金①用間a事前に敵情を知る】
それらの準備が整った後に十万の軍を出動させることができるのである ☞【十万の師①用間a】

b　兵は拙速を尊ぶ

【原文】④作戦b兵は拙速を尊ぶ
其用戦也、勝久即鈍兵挫鋭、攻城則力屈、久暴師則国費不足、夫鈍兵挫鋭力屈尽貨、則諸侯乗其弊而起、雖有智者不能善其後矣。故兵聞拙速、未睹巧之久也。夫兵久而国

利者未之有也。故不尽知用兵之害者則不能尽知用兵之利也

【読み下し】④作戦b兵は拙速を尊ぶ

其の戦いを用いるや、勝つも久しければ兵を鈍らし鋭を挫く

城を攻むれば則ち力屈す

久しく師を暴せば則ち国用足らず

夫れ、兵を鈍らし鋭を挫き力を屈し貨を尽さば、則ち諸侯其の弊に乗じて起らん

智者有りと雖も其の後を善くする能わず

故に**兵は拙速を聞く**

未だ巧の久きを睹ざるなり

夫れ兵久しく国の利するは、未だ之有らざるなり

故に尽く兵を用いるの害を知らざるは、則ち尽く兵を用いるの利を知る能わず

【解釈】④作戦b兵は拙速を尊ぶ

その軍を動かし勝利したとしても、長期間に及ぶと兵は疲労し精鋭さが減じられてしまう

攻城戦では戦力が消滅する　☞【攻城戦②謀攻b攻城戦は最下策】

長く軍を留め置くと経費が欠乏する　☞【長期間戦わない②謀攻c謀攻の法・国の保全】

そのように兵力と財貨を使い尽くすとすぐに諸侯がその隙に乗じて乱を起こす　☞【諸侯の難②謀攻e将軍に任せよ・君主は口を出すな】

そうなると智者と雖も対応しきれない

故に兵は**拙速**（完璧でなくとも早期終結を図ること）を尊ぶ

未だ**巧久**（こうきゅう）（完璧を求め長期戦を厭わないこと・原文では「功の久」であるが、拙速との対句を意識して「功久」とした）を見たこともない

長期間兵を用いて国の利益になったということはまったくない

故に兵力を損耗し尽くすことの害を知らない者は、即ち兵力を最大発揮させた時に得られる最大利益を手に入れることはできないのである

c　軍事費用を増大させない工夫

【原文】④作戦c軍事費用を増大させない工夫

善用兵者、役不再籍、糧不三載、用取於国、糧因於敵、故軍食可足也。国之貧於師者

遠輸、遠輸則百姓貧、近於師者貴賣、賣則百姓財尽、財尽則急於丘役、力屈財殫中原内虚於家、百姓之費十去其七、公家之費破車罷馬甲冑矢弩、戟楯蔽櫓、丘牛大車十去其六。故智将務食於敵、食敵一鍾当吾二十鍾、萁稈一石当吾二十石、故殺敵者怒也。取敵之利者貨也。故車戦得車十乗已上、賞其先得者、而更其旌旗車雑而乗之、卒善而養之、是謂勝敵而益強、故兵貴勝不貴久故知兵之将、生民之司命国家安危之主也

【読み下し】④作戦c軍事費用を増大させない工夫

善き用兵は
役は再籍せず
糧は三載せず
用を国に取り
糧を敵に因す
故に軍食足る可し
国の師に貧しきは遠輸すればなり、遠輸すれば則ち百姓貧し
師に近き者は貴賣す、貴賣すれば則ち百姓の財尽く
財尽くれば則ち丘役に急なり、力屈し財中原に殫き、内は家に虚し

百姓の費十に其の七を去る
公家の費、破車罷馬、甲冑(かっちゅう)矢弩(しど)、戟楯蔽櫓(げきじゅんへいろ)、丘牛大車、十に其の六を去る
故に智将は務めて敵に食む
敵の一鍾(しょう)を食むは吾二十鍾に当たる
萁稈(きかん)一石は吾二十石に当たる
故に敵を殺すは怒なり
敵に取るの利は貨なり
故に車戦に車十乗已上を得れば、その先に得たる者を賞し
旌旗(せいき)を更(か)え、車は雑(まじ)えてこれに乗り
卒は善くしてこれを養う
是を敵に勝ちて強を益すと謂う
故に兵は勝ちを貴び、久しきを貴ばず
故に兵を知る将は
生民(せいみん)の司命(しめい)・国家安危(あんき)の主(しゅ)なり

【解釈】④作戦c軍事費用を増大させない工夫

善い用兵は
兵役招集は一度限りで再招集しない
食料輸送は二度限りで三回は行わない
（食糧調達用のための）**費用**を自国内で徴収しておき
敵国においてはその資金を用いて調達するので、食糧は敵国においても**継続補給**できる（注）

（注）テキストでは「軍の器材などの諸用具は自国のものではたし、食糧は敵国のものをたよりとする」と訳しつつも「この文で何を表明しようとするのか、その論旨が不明である」と解説している。筆者は「用」を諸用具とせず資金とした。前節での「賓客の用」「用足らず」が「費用・経費」としていることを継承すべきである。資金を準備せずに敵国のものをたよりとすることは、敵から奪うことになり、多くの解説書がその見解を示しているが、第二章3で述べたとおり、軍事常識とは齟齬している。

故に軍の食糧は充足可能なのである
軍事で国内が貧窮する理由は**遠輸**（遠方輸送）である

遠輸すれば税の徴収増で多くの民が貧しくなる
軍の駐留近辺では**貴売**（物価が高騰）する。物価高騰によって民の財産は無くなる
民の財産が無くなれば**丘役**（村単位での納税・牛馬等の供出）が緊急状態になり、兵
力・財力は遠く敵地に尽き果て、国内では家々に住む人もいなくなる
こうして民の財産は十分の七が消失する
王室の財産、破損・疲弊した戦車と馬、戟（ほこ）、楯（たて）、蔽櫓（へいろ）（車の上の櫓（やぐら））、丘牛大車（丘役
の牛で牽かせる輜重車）は、十分の六を消失する
もとより、智将は敵地における食糧供給問題の解決に務める 【第二章3軍事常識】
敵地における食糧一鍾（五十リットル）は自国において調達輸送する二十鍾に当たる
（遠輸の途中で消耗・損失・破棄・強奪被害等により減少して、軍に届くのは全体の5パー
セントのみである）
同様に、敵地で受領する萁稈（豆ガラ・わら、飼料）一石は自国での調達輸送開始時
の二十石に相当する
故に、単に敵を殺傷するのは得策ではない、怒りに任せた行為である
敵から奪取するものは財貨が良い（軍事費に充当し現地調達量を増加させれば遠輸の負
担が下がる）

［装備品等の奪取も有効である。敵の物を自軍で活用できる］

故に、戦車戦において戦車を十輌以上獲得した場合は、最初に功をなした者を賞し

旌旗（軍旗）を敵のものから自軍のものへ更（か）え、二種の戦車を混合編成して乗車させる

捕虜とした敵の兵士は待遇を良くして養い、味方に引き入れる

これが敵に勝利して益々自軍を強大にする戦術である

用兵においては勝利を貴ぶが長期戦は貴ばない　☞【拙速④作戦b兵は拙速を尊ぶ】

この用兵の原則を知り対応要領にも精通する将軍は

生民（せいみん）の司命（しめい）・国家安危（あんき）の主（しゅ）（民の生命を司り、国の安泰を守る大事な存在）なのである。

⑤行軍（九地グループ、第九篇）

【○題意、◎解題】⑤行軍9

○行軍とは軍を行かせる、すなわち移動させることである

◎敵地侵入後の行軍においては、常に戦いを意識して、地形上有利な場所を経路や

宿営地に選択する

◎敵軍との接触を予期し、あらゆる兆候を見逃さないとともに、敵陣の様子を探り軍の態勢等を推測する

a　四種類の行軍・その極意

【原文】⑤行軍a四種類の行軍・その極意

孫子曰凡処軍相敵、絶山依谷、視生処高、戦隆無登、此処山之軍也、絶水必遠水、客絶水面、来勿迎之於水内、令半済而撃之利、欲戦者無附於水而迎客、視生処高無迎水流、此処水上之軍也、絶斥澤惟速去無留、若交軍於斥澤之中、必依水草而背衆樹、此処斥澤之軍也。平陸処易而右背高、前死後生、此処平陸の軍也。凡此四軍之利黄帝之所以勝四帝也

【読み下し】⑤行軍a四種類の行軍・その極意

孫子曰く、凡そ軍を処き敵を相するに

山を絶るは谷に依り、生を視て高きに処す、隆きに戦いて登る無かれ、此れ山に処る

の軍なり
水を絶る（わたる）は、必ず水より遠ざかり、客、水を絶りて来たらば之を水内に迎える勿れ、半ば済らしめて之を撃たば利なり。戦わんと欲すれば水に附きて客を迎うる勿れ、生を視て高きに処す、水流を迎うる無かれ、此れ水上に処る軍なり
斥澤（せきたく）を絶るは、惟（ただ）速やかに去りて留まる無かれ。若し軍を斥澤の中に交うれば、必ず水草に依りて衆樹を背にせよ、此れ斥澤に処るの軍なり
平陸には、易きに処りて高きを右背に、死を前にし生を後にす、此れ平陸に処るの軍なり
凡そこの四軍の利は、黄帝の四帝に勝ちし所以なり

【解釈】⑤行軍a四種類の行軍・その極意
孫子は言った。行軍は［四種類に分類できるが］宿営したり敵と遭遇して戦う場面では、それぞれ次のように行うのが良い
（第一）**山岳地帯**の行軍では、谷に宿営し生地を視て（前方または左右にして）高い場所で対処せよ。敵よりも高い場所で戦え、下から攻め登ることはするな。これが山岳地帯を行軍する極意である（注）

（第二）**河川**の行軍では、必ず水から遠ざかり、敵が川を渡って来た時は川の内で迎え撃ってはいけない。敵の半数を渡らせた後に、その半数と戦えば有利である。戦闘時は水際で敵を迎えてはいけない。生地を前方または左右にして高い場所で対処せよ。上流に位置して戦え、下流で水流を迎える形で戦ってはいけない。これが河川を行軍する極意である（注）

（第三）**斥澤**（湿地帯）の行軍ではただただ速やかに通過して留まるな。敵軍と斥澤の中で遭遇し交戦する場合は必ず水草の所に位置して衆樹（多くの樹木）を背後とせよ。これが斥澤の行軍の極意である

（第四）**平陸**の行軍では、平地に宿営して高い場所を右後ろにせよ。死地を前方に生地を後方にせよ。これが平陸の行軍の極意である（注）

（注）（第一）（第二）（第四）共にテキストは死・生を「敵の生を損ない絶つような地」「味方の生を保つに適うような地」と訳しているが、後に⑦九地で「死地」が定義されていることから、筆者は「死地」「生地」とする。「…ような地」「…に適うような地」という曖昧な表現ではなく、定義された言葉で科学的に論を進めるのが『孫子』の態度である。従って「生を視て」は「生地を視て（生地が見える場所で、生地を前又は左右にして）」という具体

的な行動としなければならない。これによって、この段で用いられている具体的な場所を示す言葉「高・下・遠・際・前・後」との一貫性が保たれ、科学的な思考方法を保持できる。

この四種の行軍の極意は、黄帝が四名の帝に勝った所以のものである（孫武の時代から二千年以上の昔に遡る話である）

b　兵の利・地の助け

【原文】⑤行軍b兵の利・地の助け

凡軍、好高而悪下、貴陽而賎陰、養生而処実、軍無百疾是謂必勝、丘陵堤防必処其陽而右背是、此兵之利地之助也

【読み下し】⑤行軍b兵の利・地の助け

凡そ、軍は

高きを好んで下きを悪み

陽を貴び陰を賎しみ

養生（ようじょう）して実に処す
軍に百疾無くんば、是を必勝と謂う
丘陵堤防には必ず其の陽に処りて之を右背にす
此れ兵の利、地の助けなり

【解釈】⑤行軍b兵の利・地の助け
凡そ（一般に、大略、段落の始め）軍は
高所を好んで低所を嫌い
陽光を貴び日陰を賤み
健康的な場所で兵や馬を養生して体力気力を充実させる
軍内に疾病が蔓延することがなければ必勝である
丘陵や堤防においては必ず陽の当たる場所に位置して丘陵・堤防を右の背にせよ
これこそが**兵の利・地の助け**（地形を利用した軍や兵の保全・養生の源の地）である

c　渡河時の注意

【原文】⑤行軍c渡河時の注意
上雨水沫至欲渉者、待其定也

【読み下し】⑤行軍c渡河時の注意
上(かみ)雨ふりて水沫至れば、渉(わた)らんと欲するは、其の定まるを待て

【解釈】⑤行軍c渡河時の注意
上流に雨が降り水が泡だっている時は、歩いて渡らず水流の収まるのを待て

d　我の避けるべき（＝敵を陥れるべき）地形

【原文】⑤行軍d我の避けるべき（＝敵を陥れるべき）地形
凡地有絶澗天井天牢天羅天陥天隙、必速去之勿近也。吾遠之敵近之、吾迎之敵背之

【読み下し】⑤行軍d我の避けるべき（＝敵を陥れるべき）地形
凡そ地に絶澗（ぜっかん）・天井（てんせい）・天牢（てんろう）・天羅（てんら）・天陥（てんかん）・天隙（てんげき）有れば
必ず速かに之を去り近づくなかれ
吾は之を遠ざけ、敵は之に近づかしめ
吾は之を迎え、敵は之を背にせしめよ

【解釈】⑤行軍d我の避けるべき（＝敵を陥れるべき）地形
凡そ、地形には
絶澗（谷川で両側の山が高く切り立っている所）
天井（井戸の底のように四周が高く中央が低い所）
天牢（入り口以外は高い山で囲まれた牢獄のような所）
天羅（草木が密生した網のような所）
天陥（落とし穴のような所）
天隙（大地の割れ目のような所）
があるが、これらの場所は必ず速かに通過し近づいてはいけない
自軍はこれらの地から遠ざかり、敵軍をこれらの地に近づけよ

自軍はこれらの地を前方にして迎え撃ち、敵軍にはこれらの地を背後とさせよ

e　敵の待ち伏せを警戒せよ

【原文】⑤行軍e敵の待ち伏せを警戒せよ

軍行有険阻潢井葭葦山林翳薈者、必謹覆索之此伏姦之所処也

【読み下し】⑤行軍e敵の待ち伏せを警戒せよ

軍行に
険阻(けんそ)・潢井(こうせい)・葭葦(かい)・山林・翳薈(えいわい)有れば
必ず謹んで之を覆索せよ
此れ伏姦の処る所なり

【解釈】⑤行軍e敵の待ち伏せを警戒せよ

行軍中に
険阻（地形の険しい所）、**潢井**（水溜り）、**葭葦**（葦の密生地）、山林、翳薈（草木の密生

地）があれば
必ず慎重にこれを**覆索**（繰り返し捜索）せよ
これらは伏兵が待ち構えている場所である

f　気配から敵の動きを判断する

【原文】⑤行軍f気配から敵の動きを判断する
敵近而静者恃其険也、遠而挑戦者欲人之進也、其所居易者利也、衆樹動者来也、衆草多障者疑也、鳥起者伏也、獣駭者覆也、塵高而鋭者車来也、卑而広者徒来也、散而條達者樵採也、少而往来者営軍也

【読み下し】⑤行軍f気配から敵の動きを判断する
敵近くして静かなるは其の険を恃むなり
遠くして挑戦するは人の進むを欲するなり
其の居る所に易きは利あるなり
衆樹動くは来るなり

衆草障(さわ)り多きは疑わしむるなり
鳥起(た)つは伏なり、獣駭(おどろ)くは覆なり
塵高くして鋭きは、車来るなり
卑くして広きは、徒来るなり
散じて條達するは、樵採するなり
少くして往来するは、軍を営むなり

【解釈】⑤行軍f気配から敵の動きを判断する

敵が近くに居ながら静かであるのは、険峻な地形を利用して防護を固めているからである

遠くに居て挑発するのは、我の進軍を待ち受けているからである

敵がその場所に居続けるのは、敵にとって有利だからである

多くの樹木が揺れ動くのは（伐採して車を通すための道を開削しており）敵が進軍して来るからである

多くの草が結ばれて障害物となっているのは、我を困惑させ進攻を遅滞させようとしているからである

鳥が飛び立つのは敵の伏兵であり、獣が驚き出てくるのも敵の伏兵である
塵が高く鋭く舞い上がるのは車が来る
塵の舞い上がりが低く広いのは歩兵が来る
塵が分散し筋を作っているのは木を切って引きずり運んでいる
塵が少く往来しているのは宿営である

g　敵兵の動きから敵情を知る

【原文】⑤行軍g敵兵の動きから敵情を知る

辞卑而益備者進也、辞彊而進驅者退也、軽車先出居其側者陳也、無約而請和者謀也、奔走而陳兵車者期也、半進半退者誘也、杖而立者飢也、汲而先飲者渇也、見利而不進者労也、鳥集者虚也、夜呼者恐也、軍擾者将不重也、旌旗動者乱也、吏怒者倦也、粟馬肉食軍無懸缻不返其舍者窮寇也、諄諄翕翕徐与人言者失衆也、数賞者窘也、数罰者困也、先暴而後畏其衆者不精之至也、来委謝者欲休息也、兵怒而相迎久而不合又不相去、必謹察之

【読み下し】⑤行軍g敵兵の動きから敵情を知る

辞卑くして益備するは、進むなり

辞彊くして進驅するは、退くなり

軽車先に出で其の側に居るは、陳なり

約無くして和を請うは、謀るなり

奔走して兵車を陳ぬるは、期するなり

半ば進み半ば退くは、誘うなり

杖して立つは、飢なり

汲みて先ず飲むは、渇なり

利を見て進まざるは、労せるなり

鳥集まるは、虚なり

夜呼ぶは、恐るるなり

軍擾（みだ）るるは、将重かざるなり

旌旗（せいき）動くは、乱るるなり

吏（り）怒るは、倦（う）めるなり

粟馬肉食（ぞくばにくしょく）して軍に缻（ふ）を懸（か）くることなく、その舎に返らざるは、窮寇（きゅうこう）なり

諄諄翕翕（じゅんじゅんきょうきょう）として徐（おもむ）ろに人と言うは、衆を失えるなり
賞を数（すう）するは、窘（きん）なり
罰を数するは、困なり
先に暴し而る後に其の衆を畏るるは、不精の至りなり
来りて委謝（いしゃ）するは、休息を欲するなり
兵怒りて相迎え久くして合わず又相去らざるは、必ず謹んで之を察せよ

【解釈】⑤行軍g敵兵の動きから敵情を知る
軍使がへり下った言葉使いながらも敵陣では準備を益々整えているのは、進攻する
軍使が強い口調で述べ、敵陣で攻勢を示すのは、退却する
戦車を前に出し兵士がその横に並んでいるのは、閲兵である
誓約なしに講和するのは、謀略である
奔走して兵士や戦車を並べるのは、攻撃を企図しているのである
半ば進み半ば退くのは、我を誘導しようとしているのである
兵士が杖をついて立つのは、**飢**（飢餓状態）である
水を汲んだ直後に飲むのは、**渇**（のどが渇く、渇飲状態）である

有利なのに進攻しないのは、疲労している

鳥が集まるのは、死体がある（注）

（注）テキストは「鳥が陣地に集まっているのは、既に敵がそこにいないのである」と訳す。「虚＝空虚＝人が不在」としたものと思うが、筆者は「虚＝虚しき人＝死体」と解釈する。この文の後にも、兵の存在を前提とした記述が続いているので、陣地から退去したというのは唐突であり全体の文脈を外れている。

夜に呼び合うのは、恐怖からである

軍が乱れるのは、将軍への信頼が軽いからである

軍旗が動くのは、反乱である

武将が怒り声をあげるのは兵士が戦いに倦んでいるからである

粟馬肉食（馬に飼料ではなく栄養価の高い穀物を与え肥らせてその肉を食す）して、軍に酒壺を返納することなしにいつまでも酒盛りを続けて兵舎に帰らないのは、もはや軍ではなく窮した盗賊集団である

兵を集めてねんごろに諭し静かに語るのは、既に多くの人心を失っているからである

度々賞を与えるのは、ゆきづまって苦しんでいるからである
度々罰するのは困窮しているからである
先に荒々しく兵に接した後にその多くの兵を畏れるのは、統率の道理を知らないこと甚だしい
軍使が来て素直に謝罪するのは、休息を欲しているからである
敵兵が怒って我軍を迎え撃つ態勢をとるがいつまでも攻撃してこないし又退去しないのは、必ず入念に偵察しなければならない

h　将軍の統率

【原文】⑤行軍h将軍の統率
兵非益多也、惟無武進、足以併力料敵取人而已、夫惟無慮而易敵者必擒於人、卒未親附而罰之則不服、不服則難用也、卒已親附而罰不行即不可用也、故令之以文齋之以武、是謂必取、令素行以教其民則民服、令不素行以教其民則民不服、令素行者与衆相得也

【読み下し】⑤行軍h将軍の統率

兵は多きを益とするに非ざるなり
惟だ武進する無かれ
以て力を併せ敵を料り人を取るのみに足る
夫れ惟だ慮無くして敵を易る者は、必ず人に擒にせらる
卒未だ親附せずして、之を罰すれば則ち服せず、服せざれば則ち用い難し
卒已に親附して罰行なわざれば、則ち用う可からず
故に之に令するに文を以てし
之を齋するに武を以てす
是れを必取と謂う
令素より行われて以て其の民に教すれば則ち民服す
令素より行われずして以て其の民に教すれば則ち民服さず
令素より行なわるれば、衆と相得るなり

【解釈】⑤行軍h将軍の統率

兵は多勢であることだけを有益とはしない
したがって、味方が多勢であるからという理由だけで勇ましく進撃してはいけない

力を集めて敵情を探り、その結果を考察して方策を練り敵将を奪取するだけで良い

だから、逆に思慮なくして敵をあなどる将軍は必ず敵の捕虜となるのである

兵卒が未だ将軍に**親附**（親しみ進んで従う）の状態に達していないのに、兵を罰すれば服従しなくなる。服従しなければ兵を用いることは難しい

兵卒が既に親附しているのに失敗や不祥事を起こした時に罰することをしないと、兵を用いることができなくなる

そもそも、兵に命令するには**文**（親附の心を生じさせる人格的資質）が必要であり統制のとれた斉一な軍とするには**武**（勇武さ・武術能力）が必要なのである

これを**必取**（将軍の文武両道の人格が兵に親附の念を生じさせる、必ず心をつかむ）という

必取によって命令が平素から遵守されていれば、違反した兵を戒めても服従する

逆に命令が平素から実施されていなければ、兵を戒めても服従しない

命令が平素から遵守されている状態を確立しておくことが、将軍と兵の双方にとって良いことなのである

⑥地形（九地グループ、第十篇）

【○題意、◎解題】
○地形とは、戦闘に影響を与える土地の形状である
◎六種類の侵入後の行軍においては、常に戦いを意識して、地形上有利な場所を経路や宿営地に選択する
◎敵軍との接触を予期し、あらゆる兆候を見逃さないとともに、敵陣の様子を探り軍の態勢等を推測する

a　六種類の地形・将軍の任務

【原文】⑥地形a六種類の地形・将軍の任務
孫子曰、地形、有通者、有挂者、有支者、有隘者、有険者、有遠者。我可以往、彼可以来日通。通形者、先居高陽利糧道、以戦則利。可以往、難以返日挂。挂形者、敵無備、而出勝之。敵若有備、出而不勝。難以返不利。我出而不利、彼出而不利日支。支

形者、敵雖利我、我無出也。引而去之。令敵半出而撃之利。隘形者、我先居之、必盈之以待敵。若敵先居之、盈而勿従。険形者、我先居之、必居高陽以待。若敵先居之、引而去之。勿従也。遠形者、勢均難以挑戦。戦而不利。凡此六者、地之道也。将之至任、不可不察也

【読み下し】⑥地形a六種類の地形・将軍の任務

孫子曰く、地形に通(つう)あり、挂(けい)あり、支(し)あり、隘(あい)あり、険(けん)あり、遠(えん)あり

我往くべく彼も来るべきを通という。通形は、先に高陽に居し糧道を利すべし、以って戦えば即ち利あり

行くべく返り難きを挂(けい)という。挂形は、敵備え無くば出て之に勝つ、敵もし備えあれば出て勝たず、返り難きを以って不利なり

我出て不利、彼出て不利を支という。支形は、敵我を利すと雖も我出ずるなかれ、引きて之を去れ、敵をして半ば出でしめて之を撃たば利あり

隘形は、我が先に居らば必ず之を盈(えい)し以って敵を待て、若し敵が先に居り盈すれば従う勿れ

険形は、我が先に居らば必ず高陽にて待て、若し敵が先に居らば引きて之を去れ

遠形は、勢均しければ以って挑戦し難し、戦いて不利なり
凡そ此の六は、地の道(どう)なり
将の至任、察せざるべからずなり

【解釈】⑥地形a六種類の地形・将軍の任務
孫子は言った。地形には、通(つう)、挂(けい)、支(し)、隘(あい)、険(けん)、遠(えん)という六種類がある
（第一）彼我両者が通過しやすい地形を通という。**通形**は先に高い場所で日当たりの良い所に位置して食料運搬路を確保すべきである。そうして戦えば有利となる
（第二）彼我の間に土塁等に似た地形的な障害があるため進攻は可能だが退却が困難な地形を挂（圭・土を二つ重ねて作られた文字、境界を示す盛土の意）という。**挂形**は敵が守備していなければ進攻して勝てるが、守備していれば勝てない。退却が困難であるので不利である
（第三）彼我共に進攻すると不利となる地形を支という（挂以上の障害である河川沼沢等が彼我の間にあり、対峙する双方にとって守備が容易である。地形に守備が支えられている）**支形**では敵が我に有利であるように見せて誘っても進攻してはいけない、退去せよ。逆に敵を誘い敵軍の半数が障害地を越えた時を狙って襲撃すれば有利である

【河川の行軍⑤行軍a四種類の行軍・その極意】

（第四）**隘形**（隘路）では我が先に到着した時は必ず兵を十分に配置し敵を待て。逆に敵が先に到着していて兵を十分に配置していれば、敵の攻撃に応戦してはいけない

（第五）**険形**（険しい山岳地帯）では、我が先に到着した時は必ず高く日当たりの良い場所で待て。もし敵が先に到着していれば退去せよ。敵の攻撃に応戦してはいけない

☞【山岳地帯の行軍⑤行軍a四種類の行軍・その極意】

（第六）**遠形**（敵の陣まで遠い）では、勢力が同等であるならば進攻して戦うのは困難である、戦っても不利である

この六種類の地形とその特質・戦い方は**地の道**（道理）である。これらの地の道を知ることは**将軍の至任**（重要な任務）である。そのことを十分に認識しておかなければならない　☞【生民の司命・国家安危の主④作戦c軍事費用を増大させない工夫】

b　敗戦の道理

【原文】⑥地形b敗戦の道理

故兵有走者、有弛者、有陥者、有崩者、有乱者、有北者。凡此六者非天之災、将之過

也。夫勢均、以一撃十曰走。卒強吏弱曰弛。吏強卒弱曰陥。大吏怒而不服、遇敵対而自戦、将不知其能曰崩。将弱不厳、教道不明、吏卒無常、兵縦横曰乱。将不能料敵、以少合衆、以弱撃強、兵無選鋒曰北。凡此六者、敗之道也。将之至任、不可不察也

【読み下し】⑥地形b敗戦の道理

故に兵は、走（そう）有り、弛（ち）有り、陥（かん）有り、崩（ほう）有り、乱（らん）有り、北（ほく）有り

凡そ此の六は天の災に非ず、将の過いなり

夫れ

勢均しくして我の一を以って十を撃するを走と言う

卒強く吏弱きを弛という

吏強く卒弱きを陥という

大吏怒りて服さず、敵に遇して自ら戦い将その能を知らざるを崩という

教道（きょうどう）明らかならず、吏卒常ならず兵の縦横なるを乱という

将敵を料る（はかる）能わず、少を以って衆に合わせ、弱を以って強を撃ち、兵に選鋒なきを北という

凡そ此の六は敗の道（どう）なり

将の至任、察せざるべからずなり

【解釈】⑥地形b敗戦の道理

地の道を敷衍して言えることは、戦闘の場面において走（そう）、弛（ち）、陥（かん）、崩（ほう）、乱（らん）、北（ほく）という状況が生じることである

この六つの状況は天災ではなく将軍に起因する災いである

（第一）彼我の勢力が同じであるのに我の一を以って敵の十を攻撃して敗北する。これを**走**（敗走）という

（第二）兵卒が強く**吏**（武将）が弱いのを**弛**という

（第三）吏が強く卒が弱いのを**陥**という

（第四）**大吏**（吏よりも大きな部隊を率いる武将・将軍の部下）が猛々しく激高して将軍の命令に服従せず独断専行して、遭遇した敵と自部隊のみで戦闘を開始してしまうが、将軍はその能力を把握していないので［援軍の要否も判断できず、時機を失しているうちに各個撃破されて］敗戦することを**崩**（崩壊）という

（第五）**教道**（戦いの道理・戦闘要領）が明示されず、吏や兵卒が平常心を失い浮足立って戦いが斉一なく支離滅裂であるのを**乱**という

（第六）将軍が敵の兵力規模・精強さを判断することができず、小部隊を敵の大部隊と戦わせたり、弱小部隊に敵の精強部隊を攻撃させる等の失策をなすこと、そもそも軍の編成に選鋒（軍の最前列をなす選ばれた精鋭部隊・先鋒）を有していないこと、これを**北**（敗北）という

およそこの六種は**敗戦の道理**である。この道理を知ること、これも将軍の至任であり、十分に認識しておかなければならない　【将軍の至任⑥地形a六種類の地形・将軍の任務】

c　上将の道、戦道

【原文】⑥地形c上将の道、戦道

夫地形者兵之助也。料敵制勝、計険厄遠近、上将之道也。知此而用戦者必勝。不知此而用戦者必敗。故戦道必勝、主日無戦、必戦可也。戦道不勝、主日必戦、無戦可也。故進不求名、退不避罪。唯人是保、而利合於主。国之宝也

【読み下し】⑥地形c上将の道、戦道

夫れ地形は兵の助けなり
敵を料り勝ちを制すは、険厄遠近を計るなり
上将の道なり
此れを知る、而して戦いに用いれば必ず勝ち
此れを知らず、而して戦いに用いれば必ず敗る
故に
戦道必勝ならば、主日く無戦なるも必ず戦うべし
戦道不勝ならば、主日く必戦なるも戦わずべし
故に進みて名を求めず、退きて罪を避けず
唯だ人は保を是とす
而して主の利に合う
国の宝なり

【解釈】⑥地形c上将の道、戦道

地形は戦闘の助けである

従って、勝利するには敵情を探るだけではなく、**険厄遠近**（地形の特質・敵との距離）

を調べて、それに応ずる戦い方を見積り、総合判断するのである
これこそが**上将の道**（優れた将軍が用いる戦いの道理）である
この道を知っている優れた将軍（暗に孫武）を（君主が）戦いに用いれば必ず勝つ
この道を知らない将軍を（君主が）戦いに用いれば必ず敗ける（注）

（注）テキストは「この道を知ってこれを戦闘に用いるということがない時は、必ず敵に敗れる」と訳す。道を用いることがないとする意である。これは、原文「不知此而用戦者必敗」の「不」で否定しているのは正しくは直後の「知」であるのに「而」で区切られた次の句の「用」を否定しているとの立場である。ちなみに訳文を原語に変換してみると「知此而不用戦」となる。すなわち、テキストは「不」の位置を移動した上で訳しているのであるが、その理由は不明である。筆者は原文を素直に読み下し、省略されている主語・目的語を補足しつつ「不知此」（此れを知らない）「而用戦」（君主が将軍を戦いに用いる）と解釈する。この文の直前は将軍について、直後は君主についての記述であることから、この文は、将軍と君主の関係を述べたものと判断したものである。
次文以下を含めこの段落は、孫武の呉王に対する軍事的主張・自己アピールであると考えれば理解しやすい。

戦道（戦いの道理からの判断）が必勝ならば、君主が戦うなと言っても、戦って良い
☞【君主の患②謀攻e将軍に任せよ・君主は口を出すな】
戦道が不勝ならば、君主が戦えと言っても、戦わなくとも良い
進攻するのは勇名を求めてではなく、退却するのは敗戦の汚名を避けるからでもない
優れた将軍は軍を保全することを最善策として行動する ☞【保全②謀攻a最善策は自国の保全・敵の謀を消滅】
それが結果として君主の利益に合致する
［優れた将軍（私・孫武）は］**国の宝**（国王にとって最も貴重な存在）である

d 将軍の統御と兵士

【原文】⑥地形d将軍の統御と兵士
視卒如嬰児、故可与之赴深谿。視卒如愛子、故可与之供死可。厚而不能使、愛而不能令、乱而不能治、譬若驕子。不可用也

【読み下し】⑥地形d将軍の統御と兵士
卒を視ること嬰児の如く、故に之と深谿に赴くべし
卒を視ること愛子の如く、故に之と倶に死すべし
厚くして使う能わず
愛して令する能わず
乱れても治むる能わず
譬えば驕子（きょうし）のごとくなす
用いるべからず

【解釈】⑥地形d将軍の統御と兵士
将軍が兵士を嬰児のように思いやると、兵士は将軍と共に深い渓谷までも向かって行くことができる
将軍が兵士を我が子のように愛しむと、兵士は将軍と共に**死地**に赴くことができる
しかし
将軍が深く情けをかけ過ぎると兵士を使いこなせない
愛し過ぎると厳しく命令を下すことができない

兵士が乱れても統治できなくなる

例えば、素直に服従しないわがままな子供のような兵士を作ってしまう

このような将軍を用いてはいけない（注）

（注）テキストは「このような兵士は、たとえて言うとわがままな子のようなもので、これでは用いることができない」と訳す。「用いる」の主語を将軍とし目的語を兵としており「将軍が兵を用いることができない」としたものである。筆者は、主語を君主とし（主語は省略されている。省略されているのは前節からの文脈の続きで自明であるからである）目的語を将軍として「君主はこのような将軍を用いるべきではない」とする。前の段落において「優れた将軍・上将を用いるべきだ」とした対称的な表現であると理解する ☞【国の宝⑥地形c上将の道、戦道】

e　彼我と天地を知る

【原文】⑥地形e彼我と天地を知る

知吾卒之可以撃、而不知敵之不可撃、勝之半也。知敵之可撃、而不知吾卒之不可以撃、

勝之半也。知敵之可撃、知吾卒之可撃、而不知地形之不可以戦、勝之半也。故知兵者、動而不迷、挙而不窮。故曰、知彼知己、勝乃不殆。知天知地、勝乃不窮

【読み下し】⑥地形e彼我と天地を知る
吾が卒の以って撃つべきを知りて、敵の撃つべからざるを知らざるは、勝の半なり
敵の撃つべきを知り、吾が卒の撃つべからざるを知らざるは、勝の半なり
敵の撃つべきを知り、吾が卒の撃つべきを知り、地形の戦うべからざるを知らざるは、勝の半なり
故に兵を知るは、動きて迷わず、挙げて窮せず
故に曰く
彼を知り己を知らば、勝は殆からず
天を知り地を知らば、勝は窮せず

【解釈】⑥地形e彼我と天地を知る
我を知る（我の兵士が攻撃可能状態であることを知っている）が、敵が強固に防御している場所を知らない状態では、勝利の可能性は半々である

彼を知る（敵の弱点を知っている）が、我を知らない状態では、勝利の可能性は半々である

彼を知り、我を知るが、**地形の道理**が戦うべきでないということを知らない状態では、勝利の可能性は半々である

もとより、**兵を知る**（戦って勝利するための道理を知っている）優れた将軍は、行動を起こせば迷うことなく、挙兵すれば行き詰まることはない

従って、次のように言うことができる

彼を知り己を知れば（彼我の状況を知れば）勝利は間違いない 【百戦して殆うからず②謀攻f彼を知り己を知れば百戦して殆からず】

天を知り（天の道理を知り）**地を知れば**（地の道理を知れば）、窮することもない

⑦九地（九地グループ、第十一篇）

【○題意、◎解題】⑦九地

○九地とは九種類の地のことである。それぞれに特質があり、兵士に与える心理的

影響も異なる

◎敵地侵入後の行軍においては、常に戦いを意識して、地形上有利な場所を経路や宿営地に選択する

a　九地の特質

【原文】⑦九地a九地の特質

孫子日、用兵之法、有散地、有軽地、有争地、有交地、有衢地、有重地、有圮地、有圍地、有死地。諸侯自戦其地為散地。入人之地而不深者為軽地。我得即利彼得亦利者為争地。我可以往彼可以来者為交地。諸侯之地三属先至而得天下之衆者為衢地。入人之地深背城邑多者重地。行山林険阻沮沢凡難行之道者為圮地。所由入者隘所従帰者迂、彼之寡可以吾之衆者為圍地。疾戦則存不疾戦亡者為死地

【読み下し】⑦九地a九地の特質

孫子日く、用兵の法

散地有り、軽地有り、争地有り、交地有り、衢地(くち)有り、重地(じゅうち)有り、圮地(いち)有り、圍地(いち)

有り、死地(しち)有り
諸侯自ら其の地に戦うを散地と為す
人の地に入りて深からざるを軽地と為す
我得れば即ち利あり彼得るも亦利あるを争地と為す
我以て往く可く彼以て来る可きを交地と為す
諸侯の地、三属して先に至りて天下の衆を得るを衢地と為す
人の地に入ること深く、城邑を背にすること多きは重地と為す
山林・険阻(けんそ)・沮澤(しょたく)、凡そ行き難きの道を行くを圮地と為す
由(よ)りて入る所のは隘(せま)く、従(よ)りて帰る所のは迂(う)にして、彼の寡(か)以て吾の衆を撃つ可きは
圍地と為す
疾く戦えば則ち存し、疾く戦わざれば則ち亡ぶを死地と為す

【解釈】⑦九地a九地の特質
孫子は言った。用兵の原則は、次の九種の地に関する道理を理解することである
九種の地とは、散地、軽地、争地、交地、衢地、重地、圮地、圍地、及び死地である
諸侯が自らの土地で戦う場合の地を**散地**（兵士には身近な土地であり種々の係累がある

ことから心が散り散りになる地）という
敵地に入るが深く侵入していない地を**軽地**（兵士の心がまだ深刻ではなく軽々となる地）という
彼我共に奪取すれば利益がある地を**争地**（争奪戦が必然的に発生しやすい地）という
彼我共に往来が可能な地を**交地**（交通の要地）という
他の諸侯三国と境界を接している場所で敵より先に到着して友好関係を確立すれば、それらの国々から広く援助を得ることが可能な地を**衢地**（四つ辻）という
敵地深く侵入し、敵の**城邑**（城と村）を背後にすることが多い地を**重地**（軽地の逆・心が重くなる地）という
山林・険阻・沮澤等行軍困難な地を**圮地**（土橋、通行可能な道が狭く限られている地）という
入口は狭く退路を断たれやすく退去する場合の出口は遠方に迂回しなければならないため、敵の小部隊でもって我の大部隊を攻撃可能である地を**圍地**（囲まれた地）という
速やかに戦えば生きる可能性はあるが、速やかに戦わなければ全滅する地を**死地**（死を覚悟しなければならない地）という

b　九地の行動原則

【原文】⑦九地b九地の行動原則

是故、散地則無戦、軽地則無止、争地則無攻、交地則無絶、衢地則合交、重地則掠、圮地則行、圍地則謀、死地則戦

【読み下し】⑦九地b九地の行動原則

是の故に
散地は則ち戦うこと無く
軽地は則ち止まること無く
争地は則ち攻むること無く
交地は則ち絶つこと無く
衢地は則ち交を合せ
重地は則ち掠(かす)め
圮地は則ち行き
圍地は則ち謀り

死地は則ち戦う

【解釈】 ⑦九地b九地の行動原則

前述した九地の特質を踏まえて、それぞれ次のように行動すべきである

散地では戦わない（戦闘を避ける）

軽地では止まらない（行軍を続ける）

争地では攻撃しない（自ら進攻しない）

交地では味方の通行を絶やさない（常に通行できる自由を確保する・制道権を取る）

衢地では隣国との友好を深める

重地では食料や飼料を入手する

圮地は速やかに通過する

圍地では脱出の計略をめぐらす

死地では必死に戦うほかはない

c　敵の分断・弱体化

【原文】⑦九地ｃ敵の分断・弱体化
所謂古之善用兵者、能使敵人、前後不相及、衆寡不相恃、貴賤不相救、上下不相収、卒離而不集、兵合而不斉、合於利而動、不合於利而止

【読み下し】⑦九地ｃ敵の分断・弱体化
所謂古の善き用兵は、能く敵人をして
前後相及ばず
衆寡相恃(たの)まず
貴賎相救わず
上下相収めず
卒離れて集まらず
兵合うも斉わざらしめ
利に合いて動き、利に合わずして止めざらしむ

【解釈】⑦九地c敵の分断・弱体化

古来言われている**用兵の原則**は（敵を分断し弱体化させ、その弱点を攻撃して勝つことであり）敵を次のような状況に陥れることである

前後の部隊が相互に連携しない

大部隊も小部隊も相互に援助しない

身分の上下を超えた救助をしない

将軍と兵卒の心が互いに離れる

兵士が逃亡して集められない

集めてもただの烏合の衆である

（兵士は自らの利害を基準として）利に合致すれば行動し、利に合致しなければ行動しない（注）

（注）テキストは最後の二句「合於利而動、不合於利而止」の主語を我と考えて「利に合えば行動し、利に合わなければ行動を起こさない」と解釈する。しかし、原文は冒頭二句目の動詞句（述語）「能使敵人」（敵の兵士・敵軍を〜させる）が最後の句までを目的句としているので、文の途中で主語を変更して解釈することには疑義がある。筆者は「敵の兵士が自己

の利を意識して行動するようになり、将軍の命令に従わない」意と解釈する。

d　精強な敵への対応

【原文】⑦九地d精強な敵への対応

敢問、敵衆整而将来待之若何。曰、先奪其所愛則聴矣。兵之情主速、乗人之不及由不虞之道、攻其

【読み下し】⑦九地d精強な敵への対応

敢て問う

敵衆(おお)く整(ととの)いて将(まさ)に来(きた)らんとす、之(これ)を待つこと若何(いかん)

曰く

先ず其の愛する所を奪えば則ち聴(き)く

兵の情(じょう)の主(しゅ)は速(そく)なり

人の及ばざるに乗じ、虞(おもんぱか)らざるの道に由(よ)り、其の戒(そなえ)ざる所を攻む

【解釈】⑦九地d精強な敵への対応

敢えて質問する

敵が弱体化しておらず、大部隊で整斉と攻め上ってきている時、これを待って戦うのは良いだろうか？

解答する

待つのではなく先に出陣して敵が奪われたくない重要拠点を奪取すれば良い、敵は我の意図したとおり行動するであろう（当初の攻撃目標を転じて重要拠点の奪還のため引き返す）

兵士が大切に思うことは速やかに戦いが終わることである ☞【拙速④作戦b兵は拙速を尊ぶ】

従って敵を待って守勢の持久戦になることを避けて先に出陣するのである

そして、敵が予想もしていない時期に、考慮外の経路を経て、敵が備えていない所を攻撃する（時間的・手段的・場所的奇襲でもって主体的に戦う）☞【意せざる所③虚実d意図を秘匿する】

e　敵地深く進攻した場合の道理

【原文】⑦九地e敵地深く進攻した場合の道理

凡為客之道、深入則専主人不克、掠於饒野三軍足食、謹養而勿労、併気積力運兵、計謀為不可測、投之無所往、死且不北、死焉不得士人尽力、兵士甚陥則不懼、無所往則固、深入則拘、不得已則闘、是故其兵不修而戒不求而得不約而親、不令而信禁祥去疑、至死無所之吾士無余財非悪貨也。無余命非悪壽也。令発之日士卒、坐者涕霑襟、偃臥者涕交頤、投之無所往者諸劌之勇也

【読み下し文】⑦九地e敵地深く進攻した場合の道理

凡そ、客たるの道
深く入れば則ち専にして主人克せず
饒野を掠して三軍は食を足し
謹み養いて労すること勿く
気を併せ力を積みて兵を運らし
計謀して測る可からざるを為し

之を往く所無きに投ずれば死あるも且つ北せず
死あるも焉くんぞ、士人力を尽くすを得ざらん
兵士は甚だ陥れば、則ち懼れず、往く所無ければ則ち固し
深く入れば則ち拘す、已を得ざれば則ち闘う

是の故に其の兵は
修せずして戒し
求せずして得し
約せずして親しみ
令せずして信あり
祥を禁じ疑いを去れば、死に至るまで之く所無し

吾が士は
余財無し、貨を悪とするに非らざるなり
余命無し、壽を悪とするに非らざるなり
令発するの日、士卒の坐すは涕襟を霑し、偃臥すは涕頤に交す
之を往く所無きに投ずれば、諸劌の勇なり

【解釈】⑦九地e敵地深く進攻した場合の道理

客たるの道（敵地深く進攻した場合の道理）は次のとおりである※

深く侵入すると味方は**専**（団結）するので**主人**（敵）は勝てない※

※敵地においては、敵がその土地の「主人」で我が「客」となる

饒野（穀物が豊かに実る豊饒な地域）を占領して全軍が食料を充足できるようにさせ

十分に体力を養い疲労させず

心気を合わせ戦闘力を蓄積し

［その後、兵を移動させ］**計謀**（計略・謀慮）して兵士には目的地を推測できないようにする

そして、そのまま兵士を行き場所のない所に投入すれば、死地であっても北せず（逃げない）死があるとしても兵士は力を尽くさないことがあろうか（当然に力を尽くす）

兵士は極限状態に陥れば、逆に腹が座り恐れることがない

逃げる所が無ければ、迷いがなくなり反って気持ちが堅固になる

敵国深く侵入することは、言ってみれば拘（拘留）するようなものだ。兵士はやむを得ず闘うほかはない

このような道理で、その兵士は

将軍が修正することもなく**戒**（戒慎・身を慎む）し
将軍が要求することもなく**得**（納得、得心）し
将軍が**約**（約盟、契る）することもなく**親**（親近感）を持ち
将軍が**令**（立派な容姿態度を殊更見せつける）することもなく**信**（信頼）する
祥（災祥・災いと幸いのきざし、占い、迷信）を禁じ、疑いを捨て去れば死地に至るまで脱走することはない
我の兵士は
余分な財貨を持っていない、それは財貨を悪と見なしているからではない
先の命はないものと納得している、それは長寿を悪と見なしているからではない
本心は財貨も命も惜しんでいるので、攻撃進攻の発令の日、兵士のうち座っている者は涙で襟を濡らし、偃臥（うつ伏せ）する者は両眼からの涕が頤で交差するほどに悲しむ
「これは人間の本性であり兵士の本当の姿であるが」このような兵士も死地に投入すれば諸劌（しょけい）（刺客列伝に伝えられる**専諸**・**専劌**という二人の勇士）のように勇猛果敢に闘う

f　卒然の如く・政の道と地の理

【原文】⑦九地f卒然の如く・政の道と地の理

故善用兵者譬如率然、率然者常山之蛇也。撃其首則尾至、撃其尾則首至、其中則首尾倶至、敢問兵可使如率然乎。日可。夫呉人与越人相悪也。当其同舟而済遇風、其相救也如左右手。是故、方馬埋輪未足恃也。齋勇若一政之道也。剛柔皆得地之理也。故善用兵者携手若使一人、不得已也

【読み下し文】⑦九地f卒然の如く・政の道と地の理

故に、善き用兵は譬えば率然の如し、率然とは、常山の蛇なり
其の首を撃てば、則ち、尾が至り
其の尾を撃てば、則ち、首が至る
其の中を撃てば、則ち、首尾倶に至るなり
敢えて問う
兵、率然の如くならしむるは可なりや曰く
可なり

夫れ、呉人と越人とは相悪むも、其の舟を同じくして済り風に遇うに当れば
其の相救うこと、左右の手の如し、と
是れが故に、馬を方し輪を埋むるは、未だ恃むに足らざるなり
勇を斉し一の若くするは政の道なり
剛柔皆得るは地の理なり
故に善き用兵は、手を携えて一人を使うが若くす
已むを得ざればなり

【解釈】⑦九地f卒然の如く・政の道と地の理

故に善き用兵は例えていうならば、卒然のようなものだ。**卒然**とは常山に住む大蛇である
其の首を攻撃すれば尾が救援し
其の尾を攻撃すれば首が救援し
其の中央を攻撃すれば首と尾が救援する
敢えて質問する
兵は卒然のように行動させることは可能だろうか
可能だと言える

例えば呉と越の人は相憎む間柄であるが、同じ舟に乗り河を渡っている時に強風に遭遇した場合は協力して救い合うのは左右の手のようだ【呉越同舟】このように窮地に至ると自ずと団結するものであるから、馬を並べて繋ぎ留め、馬車の車輪を埋めて兵が逃亡するのを防止するのは、未だ**恃**む（兵を頼りにする、部下を信頼する、兵士の団結を確信する）ことが不足しているからである（善き用兵ではしないことだ）（注）

（注）テキストは「埋輪」を「戦車の車輪を地中に埋めて、陣の備えを固くする」と解す。車輪を埋めて防御態勢を強化するの意であるが、その行動は軍事常識とは甚だしく齟齬している。筆者は「馬を並べて係留して馬車の車輪を埋める」のは「兵士の逃亡防止のための措置」であると理解する。「卒然」「呉越同舟」を例とした文脈全体の意は兵の団結に関するものであるから、「善き用兵は、その逃亡防止措置が不要である」と解釈する

勇気を斉一に整え一致団結させることは**政の道**（軍政の道理・基本）である

剛強な兵も柔弱な兵も皆納得するのは**地の理**（死地の道理）である

善き用兵を行う将軍は兵士の集団をあたかも手を添えて一人の兵士を誘導するかのよ

うに扱う（自分の意図に沿って自在に行動を律する）それが可能なのは政の道と地の理によって兵士がやむを得ないと納得するとともに団結力に後押しされるからである

g　将軍の事

【原文】⑦九地g将軍の事

将軍之事、静以幽正以治、能愚士卒之耳目、使之無知。易其事革其謀、使人無識、易其居迂其途、使人不得慮。帥与之期、如登高而去其梯、帥与之深入諸侯之地而発其機、焚舟破釜若駆群羊、駆而往駆而来、莫知所之、聚三軍之衆投之於険。此謂将軍之事也。

九地之変屈伸之利人情之理不可不察也

【読み下し文】⑦九地g将軍の事

将軍の事は、静して以て幽、正して以て治なり
能く士卒の耳目を愚にして、之をして知ること無からしむなり
其の事を易え、其の謀を革して、人をして識すること無からしむるなり

其の居を易え、其の途を迂として、人をして慮すること得ざらしむなり
帥いて之と期すに、高きに登りて其の梯を去が如くし
帥いて之と深く諸侯の地に入りて其の機を発するに
舟を焚き、釜を破りて、群羊を駆るが若くす
駆られて往き、駆られて来り、之く所を知ること莫し
三軍の衆を聚めて、之を険に投ず
此を将軍の事と謂うなり
九地の変、屈伸の利、人情の理、察せざる可からずなり

【解釈】⑦九地g将軍の事

将軍の事（将軍の仕事）は、まず自軍に関しては**静粛にして幽かつ正しく行って治**（無言にして奥深い態度を示し、正しく行動して統御すること）である

そして、兵士が余分なことを聞いたり見たりすることがないようにして、今後の戦場や戦闘様相を知ることを防止する

次に敵に対しては企図を隠す。謀り事を固定化せず適時変更して、敵が我の行動を推測することができないようにする

自軍の宿営地を転じて戦場への迂回経路を通るが、敵にそれを慮ることができないようにする

進軍して場を定め敵の到来を予期して待つ時は、兵士を高所に登らせた後に梯子を外す（逃亡者がでないようにする）

深く敵地に進軍して戦闘開始を発令する時は

舟を焼き釜を破壊して退却の手段をなくし、羊の群れを追い立て疾駆させるように兵士を動かす

兵士は将軍の思い通りの所へ駆けて行くが自分の行く場所を知らない

全軍の兵士を集合させ、そのまま死地に投入する

これを将軍の事という

九地の変（九地に係る用兵の変化）、**屈伸の利**（撤退と進攻の利害得失）、**人情の理**（兵士の心情的道理）について十分に考察しなければならない

h　人情の理と将軍の統率

【原文】⑦九地h人情の理と将軍の統率

凡為客之道、深則専浅則散、去国越境而師而絶地也。四達者衢地也。入深者重地也。入浅者軽地也。背固前隘者囲地也。無所往者死地也。是故、散地吾将一其志、軽地吾将使之属、争地吾将趍其後、交地吾将謹其守、衢地吾将固其結、重地吾将継其食、圮地吾将進其塗、圍地吾将塞其闕、死地吾将示之以不活。故兵之情、囲則禦、不得已則闘、過則従。是故、不知諸侯謀者不能預交、不知山林険阻沮澤之形者不能行軍、不用郷導者不能得地利

【読み下し文】⑦九地h人情の理と将軍の統率

凡(およ)そ客為(きゃくた)るの道(どう)
深ければ則ち専(せん)、浅ければ則ち散(さん)なり
国を去り境を越えて師(し)するは絶地(ぜっち)なり
四達(したつ)するは衢地(くち)なり
入ること深きは重地なり
入ること浅きは軽地なり
背固前隘(はいこぜんあい)は囲地なり
往く所無きは死地なり

是れが故に

散地には吾将(われまさ)に其の志(こころざし)を一(いつ)にせんとし

軽地には吾将に之(そ)をして属(ぞく)せしめんとす

争地には吾将に其の後(のち)に赴(おもむ)かんとす

交地には吾将に其の守(まも)りを謹(きん)せんとす

衢地には吾将に其の結(たば)ねを固くせんとす

重地には吾将に其の食(しょく)を継(つな)がんとす

圮地には吾将に其の塗(と)を進まんとす

圍地には吾将に其の闕(けつ)を塞(そく)せんとす

死地には吾将に活(い)きざるを以て之に示さんとす

囲まるれば、則ち禦(ふせ)ぎ

已(や)むを得ざれば、則ち闘い

過(か)すれば、則ち従う

諸侯の謀(ぼう)を知らざれば、預め交わるを能わず

山林・険阻(けんそ)・沮澤(しょたく)の形(かたち)を知らざれば、行軍するを能わず

郷導(きょうどう)を用いざれば、地の利を得るを能わず

【解釈】⑦九地h人情の理と将軍の統率

前述したが、九種類の地形とその特質及び人情の理は次のとおりである

・深く侵入すれば**専**（専一：団結する）

・浅ければ**散**（散逸：心がバラバラでまとまらない）

・自国を出発し越境して向かうは**絶地**（途絶地：連絡や補給等が困難な地）である

・四方に到達できるのは**衢地**（四つ辻）である

・深く侵入した地は**重地**である

・浅く侵入した地は**軽地**である

・背後が要害で前が隘路は**囲地**である

・逃げ場所がないのは**死地**である

故に［有能な将軍は、それぞれの地で次のことに努める］

・散地では兵士の気持ちを一つにさせる

・軽地では兵士を集める

・争地では部隊を通過させた後に赴く

・交地では守りを注意深く実施する

・衢地では他国と同盟する
・重地では食糧の供給を継続する
・圮地では泥濘地を迅速に通過する
・圍地では退却路を閉塞する（囲まれて逃げ場のないことを兵士に示す）
・死地では生き残ることがないことを兵士に示す
［こうなると**人情の理**（兵士の心情）は次のようになる］
・囲まれれば敵の攻撃を必死に防御する
・戦わざるを得ない場面では勇猛果敢に闘う
・危険な状況に陥れば命令に従う
［また、九地のそれぞれの特質に対応して行動するためには、次の事柄も必要である］
・諸侯の謀策を知る必要がある、知らなければ予め交わることはできない
・山林、険阻、沮澤の形を知る必要がある、知らなければ行軍することはできない
・**郷導**（道案内人）を用いる必要がある、用いなければ**地の利**（緊要地への早期到着）を得ることはできない　☞【地の利⑫軍争a迂直の計】

i　覇王の兵・将軍

【原文】⑦九地・i覇王の兵・将軍

四五者不知一非覇王之兵也。夫覇王之兵、伐大国則其衆不得聚、威加於敵則其交不得合。是故、不争天下之交、不養天下之権、信己之私、威加於敵。故其城可抜、其国可隳、施無法之賞懸無政之令、犯三軍之衆若使一人、犯之以事勿告以言、犯之以利勿告以害、投之亡地然後存、陥之死地然後生。夫衆陥於害然後能為勝敗。故為兵之事在於順詳敵之意。併敵一向千里、殺将。此謂巧能成事者也。是故政挙之日、夷関折符無通其使、励於廊廟之上以誅、其敵人開闔必亟入之、先其所愛、微与之期践墨随敵、以決戦事、是故始如処女敵人開戸、後如脱兎敵不及拒

【読み下し文】⑦九地・i覇王の兵・将軍

四五は一をも知らざれば覇王の兵に非ざるなり

夫れ、覇王の兵

大国を伐てば、則ち其の衆、聚まるを得ず

威、敵に加うれば、則ち其の交、合うを得ず

是れが故に
天下の交を争わず
天下の権を養まず
己の私を信ぶれば、威は敵に加わる
故に、其の城抜く可く、其の国隳る可し
無法の賞を施し、無政の令を懸け、三軍の衆を犯して一人を使うが若くす
之を犯すに事を以てし、言を以て告ぐること勿れ
之を犯すに利を以てし、害を以て告ぐること勿れ
之を亡地に投じ、然る後に存し
之を死地に陥れ、然る後に生く
夫れ、衆は害に陥り、然る後に能く勝敗を為す
故に、兵の事を為すは
敵の意を順詳して、敵に併て一向し、千里に将を殺すに在り
此を巧みに能く事を成すと謂うなり
是れが故に
政挙の日、関を夷し、符を折り、其の使通すこと無く

廊廟（ろうびょう）の上にて励み、以て其の事を誅（ちゅう）す
敵人、闔（とびら）を開（ひら）けば必ず亟（すみやか）かに之に入り
先んずるは、其の愛する所なり
微（ひそ）かに之と期（き）し
踐墨随敵（せんぼくずいてき）す
以て戦事（せんじ）を決（けっ）す
是れが故に
始めは処女の如くせば、敵人戸を開き
後は脱兎の如くせば、敵は拒（こば）むに及ばず

【解釈】⑦九地：i 覇王の兵・将軍

四五（四＋五＝九、九地を指す）の内の一つでも知らなければ、**覇王の兵**（諸侯を従える国王の兵。呉王闔閭の軍隊・その将軍）とは言えない

[覇王の兵は九地の全てを知り尽くした無敵の実力集団であるから] 覇王の兵が・大国を討伐すれば、その大国に隷属する諸侯達は戦うために集まることができない（覇王の兵を恐れ、集まって一斉に反抗することはない）

・敵を威圧すれば、敵と親交のある諸侯達は意を通じ合うことができない（覇王の兵を恐れ、敵と連携した対抗行動はとらない）

そうであるから

・他国を我が陣営に取り込むことで敵と争うことはない

・天下の覇権を強固にしようとあれこれ動くこともない

・自分を主張し、敵を威圧するだけでよい

故に、敵の城を攻め落とすことができるし、敵国を破ることができる

・法外な賞を与えるもよし、軍政に外れた命令を発することもよし、とにかく全軍の

兵士を犯し（兵士が気の進まない消極的な心情であることを承知しつつも、それにかまわず敢えて無視して命令を下し、九地の道理を活用して集団を誘導し）一人を使うように全軍を行動させることである

・兵士を犯すには、将軍の事で示し言葉で告げてはいけない

・兵士を犯すには、有利であることを示し、害あることを告げてはならない

・兵士を危険な場所に投じ、必死に戦闘させ勝利し生存させる

・兵士を死地に陥れ、必死に戦闘させ勝利し生存させる

すなわち、兵士は危険な場所や死地に陥ることで必死になって戦い、その結果、勝利

することができるのである

故に、将軍の仕事・勝利の秘訣は

敵の意図をよく考え、敵の動きに合せて我の兵力を一つに集中して目的地に向かって移動し、千里の先の目的地で敵の将軍を殺すことである

これが、優れた将軍の用兵である

このことは次のように実行する

・**政挙**（軍事政策、戦略を列挙し検討）する日には、関所を封鎖し通行札を破棄し諸国の使者を通さないようにする

・**廊廟**（廟堂・朝廷）で政挙に励み、成案を得て決定し、その作戦を実行して敵将を誅殺する

・敵が隙を見せれば速やかに侵入する

・先ず占拠すべきは敵が大切に思っている所（敵にとっての緊要地）である。そうすると敵は必ず動き出す。

［しかし安易にそのまま兵を進めて決戦を求めてはいけない］

・決戦の時期は将軍の心中に密やかにしておき好機の到来を待つ

・それまでの間は敵の行動に応じて進攻撤退を繰返す【践墨随敵】

・好機到来の時、決戦を挑み一気に勝利するであるからして次のように言う
始めは**処女の如く**敵の行動に従えば、敵が隙を見せる
その時に**脱兎の如く**迅速に進攻すれば、敵は防御することができない

⑧九変（九地グループ、第八篇）

【○題意、◎解題】
○九変とは九地の変化のことである
◎九地の原則を知りつつも状況によってはそれを外して変化して対応する
◎原則と変化を組み合わせることが重要であり、それができなければ将軍の資格がない

a　九変の地利・九変の術

【原文】⑧九変a九変の地利・九変の術

孫子曰凡用兵之法、将受命於君、合軍集衆、圮地無舍、衢地交合、絶地無留、圍地則謀、死地則闘、塗有所不由、軍有所不撃、城有所不攻、地有所不争、君命有所不受、

故通於九変之地利者、知用兵矣、将不通於九変之地利者、雖知地形不能地之利、治兵不知九変之術、雖知五利、不能得人之用矣

【読み下し】⑧九変a九変の地利・九変の術

孫子曰く、凡そ用兵の法

将、命を君に受け、軍を合わせ衆を集む

圮地(ひち)は舎(しゃ)する無く

衢地(くち)は交わり合い

絶地は留まる無く

圍地は則ち謀り

死地は則ち闘う

塗(みち)も由(よ)らざる所有り
軍も撃たざる所有り
城も攻めざる所有り
地も争わざる所有り
君命も受けざる所有り
故に
将、九変の地利に通ずれば、用兵を知る
将、九変の地利に通じざれば、地形を知ると雖も、地の利を得る能わず
兵を治むるに九変の術を知らざれば、五利を知ると雖も人の用を得る能わず

【解釈】⑧九変a九変の地利・九変の術
孫子は言った。凡そ**用兵の法**（原則）は
将軍が君主から命令を受け、兵を招集して三軍を結集させる
圮地には宿営せず
衢地では諸侯達と友好し
絶地は留らず速やかに通過し

圍地は策謀して脱出し
死地は速やかに全力で戦闘する
［しかし、状況によっては］
通らない道もある
遭遇しても攻撃しない敵軍もある
攻撃しない城もある
争奪しない場所もある
君命を受け入れずに自分の判断で行動することもある
［このように九地の道理とともに］
将軍が**九変の地利**（九地の道理から外れたことをした方が良い場合もあること）に精通していれば、用兵の道理を知っていると言える
将軍が九変の地利に精通していなければ、地形を知っていても地の利を得ることはできない
軍を統率するのに**九変の術**（九変の道理とその変化の組合せ方法）を知らなければ、**五利**（九地の九利の過半の五つ）を知っていたとしても、将軍の任務を果すことはできない

b　利害両面を考慮する

【原文】⑧九変b利害両面を考慮する

是故智者之慮必雑於利害、雑於利而務可信也、雑於害而患可解也。是故屈諸侯者以害役諸侯者以業、趨諸侯者以利。故用兵之法、無恃其不来、恃吾有以待。無恃其不攻、恃吾有所不可攻也

【読み下し】⑧九変b利害両面を考慮する

是の故に、智者の慮は必ず利害を雑える
利に雑えて務むれば、信ずる可し
害に雑えて患えば、解く可し
諸侯を屈するには害を以てし
諸侯を役するには業を以てし
諸侯を趨らすには利を以てす
故に、兵を用うるの法
其の来らざるを恃むことなく、吾が以て待つ有るを恃むなり

其の攻めざるを恃むことなく、吾が攻む可からざる所有るを恃むなり

【解釈】⑧九変b利害両面を考慮する

故に（九地に原則と変化があるように）智者は必ず利と害とを合わせて考慮する

利のみではなく、害となるリスクをも含めて考慮した仕事は信頼できる

心配事の害のみではなく利点を探し合わせて考慮すれば解決できる

［例えば諸侯に対して］

諸侯を屈服させる際には、我の利点だけでなく相手から受ける被害も考慮する

諸侯に税を課す際には、経費負担だけでなく利となる生業に配慮する

諸侯を我の陣営に速やかに到着させる際には、命令だけでなく諸侯にとって利となることも考慮する

［このように両面を考慮して行動するのが良い］

すなわち、**用兵の法**（極意）は

敵が来襲してこないことのみを頼みとするのではなく、我の防御態勢を整えて待つことを頼りとするのである

敵が攻撃してこないことのみを頼みとするのではなく、敵が攻撃しえない我の堅固な

防御態勢ができていることを頼りとするのである

c　将の五危

【原文】⑧九変c将の五危

故将有五危。必死可殺也。必生可虜也。忿速可侮也。廉潔可辱也。愛民可煩也。凡此五者将之過也。用兵之災也。覆軍殺将必以五危、不可不察也

【読み下し】⑧九変c将の五危

故に、将に五危有り
必死は殺す可く
必生は虜とす可く
忿速（ふんそく）は侮る可く
廉潔は辱しむ可く
愛民は煩わす可し
凡そ此の五は将の過なり、兵を用うるの災なり

軍を覆し将を殺すは、必ず五危を以てす、察せざる可からずなり

【解釈】⑧九変c将の五危

次のように将軍には**五危**（五つの危険、敵に付け込まれる性格上の欠点）がある

必死（死を恐れず最後まで戦う性格）ならば、敵はその将軍を殺すことができる

必生（生き延びようとする）ならば、敵はその将軍を捕虜にできる

忿速（怒ると直ぐ行動する）ならば、敵はその将軍を侮ることができる（侮って怒らせ無謀な戦いを強行させることができる）

廉潔（清廉潔白）ならば、敵はその将軍を侮辱することができる（侮辱に耐えられなくさせ無謀な戦いを強行させることができる）

愛民（兵士を大事にする）ならば、敵はその将軍を煩わせることができる（煩い悩む状況を作り決断を遅らせ戦機を失なわせることができる）

この五危は**将軍の過**（過失・過患）であり、**用兵の災**（災難・災禍）である

軍が敗戦し将軍が殺されるのは必ずこの五危から生じている。十分に考察しなければならない

⑨形（軍争グループ、第四篇）

【○題意、◎解題】

○形とは軍の態勢（形勢）における道理をいう

◎不敗の態勢を整え、敵の隙を衝いて勝利する

◎戦いの諸原則に則り、我に有利な態勢を用いて勝利する

a　不敗の態勢

【原文】⑨形ａ不敗の態勢

孫子曰、昔之善戦者、先為不可勝、以待敵之可勝。不可勝在己。可勝在敵。故善戦者、能為不可勝、不能使敵之可勝。故曰、勝可知、而不可為。不可勝者守也。可勝者攻也。守則不足、攻則有余。善守者、蔵於九地之下、善攻者、動於九天之上。故能自保、而全勝也

【読み下し】⑨形a不敗の態勢

孫子曰く
昔の善き戦いは
先に勝つべからざるを為し
以って敵の勝つべきを待つ
勝つべからざるは己に在り、勝つべきは敵に在る
故に善き戦いは、能く勝つべからざるを為し
敵をして之の勝つべきを能わざらしむ
故に曰く
勝は知るべくして為すべからず
勝つべからざるは守なり、勝つべきは攻なり
守は則ち不足し、攻は則ち余り有り
善き守は九地の下において蔵（ぞう）し
善き攻は九天の上において動く
故に能く自ら保ちて勝を全うす

【解釈】⑨形a不敗の態勢

孫子は言った

昔の善き戦いの例に見る原則は次のとおりである

まず、敵が我に勝つことができないように我の態勢をしっかりと整え

その上で、敵が弱点を露呈し我が勝利できる戦機を待って攻撃する

不敗は我にあり、勝機は敵にある

従って善き戦いの要訣は、不敗の態勢を確立し

敵が勝利することができないようにすることである

故に次のように言える

勝利は（敵の隙を衝いて得るものだから）予知し得るが、自ら作為して獲得することはできない

不敗は**守**（堅固な守備）で獲得し、勝利は**攻**（積極的な攻撃）で獲得する

守は（主導権を持つ敵の行動すべてに対応しようとすると）兵力が不足するが、攻はその逆で余裕ができる

善き守は**九地の下に**（九地の地形の特質・道理を踏まえ、その環境を利用して隠れ）兵力を蓄えることである

善き攻は**九天の上に**（種々の天候気象の特性・道理を踏まえて、その環境を生かして）積極的に行動することである

これによって、自軍を保全し、勝利を完全なものとすることができる

b　善く戦う者（優秀な将軍）

【原文】⑨形b善く戦う者（優秀な将軍）

見勝不過衆人之所知、非善之善者也。戦勝而天下日善、非善之善者也。故挙秋毫不為多力。見日月不為明目。聞雷霆不為聰聰耳。古之所謂善戦者、勝於易勝者也。故善戦者之勝也、無智名、無勇功。故其戦勝不忒。不忒者、其所措必勝。勝已敗者也。故善戦者、立於不敗之地、而不失敵之敗也。是故勝兵先勝、而後求戦、敗兵先戦、而後求勝

【読み下し】⑨形b善く戦う者（優秀な将軍）

勝ちを見ること衆人の知る所に過ぎざるは、善の善なるに非ざるなり

戦い勝ちて天下日く善、善の善なるに非ざるなり

故に
　秋毫を挙げて多力と為さず
日月を見て明目と為さず
雷霆を聴きて聡耳と為さず
古の所謂善き戦いは、勝ち易きにおいて勝つなり
故に善く戦う者の勝は智名なく勇功なし
故にその戦勝忒わず
忒わずは其の措く所必ず勝つ
已に敗けた者に勝つなり
故に善く戦うは不敗の地に立ちて
敵の敗を失わずなり
是の故に
勝つ兵は先に勝ちて後に戦を求め
敗る兵は先に戦いて後に勝を求む

【読み下し・解釈】⑨形b善く戦う者（優秀な将軍）

勝利したことを多くの人々が知るような勝ち方は最善ではない

戦勝して天下の人々が**善**（良好な結果だ）と言うのは最善ではない

そもそも

秋毫（秋になって抜け落ち先が細くなった獣の毛）を持ち挙げても**多力**（力持ち）とは言わない

太陽や月が見えても**明目**（目が良い）とも言わない

雷鳴を聞けても**聡耳**（耳が良い）とも言わない

同様に、古来の善き戦いは勝ち易い状況において勝つのであるから本当に**善く戦う者**（優秀な将軍）は智名も勇功もない

勝つのは当然だ、と衆人は見る

当然の勝利とは、その将軍を用いれば必ず勝つということであり

それは、既に敗北の状態に陥った敵と戦って勝つからである

則ち、善き戦いとは、**不敗の地**（不敗の態勢）を確立した後に

敵の敗（敵の敗戦の要因・隙・弱点）を見逃さず攻撃することである

この結果、次のように言える

勝利する用兵は先に勝利してその後に戦い
敗北する用兵は先に戦いその後に勝利しようとする

c　善き戦いの道理

【原文】⑨形c善き戦いの道理

善用兵者、修道而保法。故能為勝敗之政。兵法、一日度、二日量、三日数、四日稱称、五日勝。地生度、度生量、量生数、数生称、称生勝。故勝兵若以鎰称銖、敗兵若以銖称鎰。勝者之戦民也。若決積水於千仞之谿谷者、形也

【読み下し】⑨形c善き戦いの道理

善き用兵は道(どう)を修めて法を保つ
故に能く勝敗の政を為す
兵法は、一に曰く度(ど)、二に曰く量(りょう)、三に曰く数(すう)、四に曰く称(しょう)、五に曰く勝(しょう)
地は度を生じ
度は量を生じ

量は数を生じ
数は称を生じ
称は勝を生ず
故に勝兵は鎰（いつ）を以って銖（しゅ）と称するがごとく
敗兵は銖を以って鎰と称するがごとし
勝は之（ゆ）きて戦う民なり
千仞（せんじん）の谿（たに）に積水（せきすい）を決するがごときは
形（けい）なり

【解釈】⑨形c善き戦いの道理

善き戦いは**道**（天地や民心等の道理・戦いの原則）を修得した上で**法**（軍律・諸規則）を徹底する

故に勝敗の**政**（勝利のための軍政・統御・統率）が可能となる

兵法（戦いの原則）には五つの要因がある。度・量・数・称・勝である

地には**度**（高度、高低差）があり

度は**量**（容量、兵員・装備品等の収容能力）を限定し

量によって**数**（兵力数）が決まり
数によって**称**（彼我の兵力の比較）が可能となり
称によって**勝つ**（称の結果を戦いの原則に照らして戦法を決め勝利する）
故に、勝利する用兵は、**鎰**（金貨二十両：３２０グラム）の我が**銖**（一両の二十四分の一：０・67グラム）の敵と**称**（比較・戦闘）するようなものである（優勢な我の勝利は確実である）
敗北する用兵は、銖の我が鎰の敵と称するようなものである（劣勢な我は必ず敗北する）
勝利の原動力は進攻する兵士の集団の戦闘力である
（集団戦闘力が強く激しいのは）大量に溜めた水を一気に深い谷に落とすようなものである
これが**形**（軍の態勢・形勢における道理）である

⑩勢（軍争グループ、第五篇）

【○題意、◎解題】

○ 勢とは軍の態勢（形）から生み出される圧倒的な突破力・戦闘力のことである

◎ 不敗の態勢を確立した後に、敵の弱点露呈を待ちつつ戦力を充実する

◎ 敵の態勢が不完全な所に対して、自軍の集団戦闘力を一気に投入する

（大量に溜めた水を一気に深い谷に落とすようなものである）

a　正道で争い詭道で勝つ

【原文】⑩勢ａ正道で争い詭道で勝つ

孫子曰、凡治衆如治寡、分数是也。闘衆如闘寡、形名是也。三軍之衆、可使必受敵而無敗者、奇正是也。兵之所加、如以碬投卵者、虚実是也。凡戦者以正合、以奇勝。故善出奇者、無窮如天地、不竭如江河

【読み下し】⑩勢a正道で争い詭道で勝つ

孫子曰く、凡そ
衆を治めること寡を治めるが如くすは、分数是なり
衆を闘わすこと寡を闘わすが如くすは、形名是なり
三軍の衆、必ず敵を受けしめて無敗なるは、奇正是なり
兵の加える所、碬を卵に投ずるが如くすは、虚実是なり
凡そ戦いは、正を以って合い、奇をもって勝つ
故に善く奇を出だすは
無窮なること天地の如く、不竭なること江河の如し

【解釈】⑩勢a正道で争い詭道で勝つ

孫子は言った。凡そ
衆（多数の兵士）を統率することが**寡**（少数の兵士）を統率するように自在にできるのは、**分数**（編組・階層的な組織編制）である
衆を戦闘させることが寡を戦闘させるようにできるのは、**形名**（旌旗・金鼓、幟や旗・鐘や太鼓）である

全軍の兵士が敵の攻撃を受けても敗けることなく戦えるのは、**奇正**（詭道と正道の戦術の組合せ）である

兵力を投入する所で**碬**（砥石）を卵に投げ当てるように必ず破壊できるのは、**虚実**（我の意図を隠して敵を翻弄し、主導権を握って敵を誘導し、隙を生じさせて一気にそこを集中攻撃すること）である ☞【虚実③虚実】

凡そ、戦いは**正道**で相争い、**詭道**で勝つ

故に、勝利を決する時、善い詭道の用い方は

天地の如く**無窮**で（極限なく次々と）また**江河**（揚子江・黄河）の水の如く**不竭**に（尽きないように）することである

b　変化は無窮

【原文】⑩勢b変化は無窮

終而復始、日月是也。死而復生、四時是也。声不過五、五声之変、不可勝聴也。色不過五、五色之変、不可勝観也。味不過五、五味之変、不可勝嘗也。戦勢不過奇正、奇正之変、不可勝窮也。奇正相生、如循環之無端。孰能窮之

【読み下し】⑩勢b変化は無窮

終りて復た始まるは、日月是なり
死して復た生るるは、四時是なり
声五を過ぎざるも、五声の変は勝(あ)げて聴く可からず
色五を過ぎざるも、五色の変は勝げて観る可からず
味五を過ぎざるも、五味の変は勝げて嘗む可からず
戦勢(せんせい)は奇正(きせい)を過ぎざるも、奇正の変は勝げて窮(きわ)む可からず
奇正相生(あいしょう)ずること循環の端無きが如し、孰(たれ)か能く之を窮めん

【解釈】⑩勢b変化は無窮

終わってから復た始まるのは、**日月**である
死んで復た生き返るのは、**四時**（四季）である
五声（五音・五つの音階。宮・商・角・微・羽）は五を超えないが、**五声の変**（五音の組合せの変化）は（無窮であるから）全てを聴くことはできない
五色（五彩。青・黄・赤・白・黒）は五を超えないが、**五色の変**（五色の組合せの変

化）は（無窮であるから）全てを観ることはできない

五味（五種の味。鹹(かん)・苦・酸・辛・甘）は五を超えないが、**五味の変**（五味の組合せの変化）は（無窮であるから）全てを味わうことはできない

戦勢（戦闘の態勢）は**奇正**の二種類のみであるが、**奇正の変**（奇正の組合せの変化）は（無窮であるから）全てを窮めることはできない

奇正が次々と生ずることは循環がいつまでも続く無限の状態であり、誰もこれを極めることができないのである

c　勢は険、節は短

【原文】⑩勢c勢は険、節は短

激水之疾至於漂石者、勢也。鷙鳥之疾至於毀折者、節也。是故善戦者、其勢険、其節短。勢如彍張弩、節如発機。紛々紜紜闘乱、而不可乱也。渾渾沌沌形円、而不可敗也

【読み下し】⑩勢c勢は険、節は短

激水の疾(と)きこと石を漂わすに至るは勢(せい)なり

鷙鳥の疾きこと毀折に至るは節なり
是の故に、善き戦いは、其の勢を険とし其の節を短とす
勢は彍弩の如く、節は発機の如し
紛紛紜紜、闘い乱れて乱す可からず
渾渾沌沌、形は円にして敗る可からず

【解釈】⑩勢c勢は険、節は短

激流の疾さが石を漂わせるのは、**勢**（速さと量とで生じる力・勢力・威力）である

猛禽の疾さが小鳥の翼や骨を破壊するのは、**節**（超速度で好機を捉える瞬発力）である

是の故に、善き戦いは、攻撃の**勢は険**（険峻・激しく）とし、進攻の**節は短**（短期・瞬時）とする

勢の険は**彍弩**（石弓）を張って十分に力を蓄えて石を放つ時のようであり、節の短は**発機**（発射機）が瞬間に作動するようである

紛々紜紜、彼我入り混じり闘い乱れるが、敵が我の態勢を乱すことはできない

渾渾沌沌、混沌とした状況が繰り返されるが、我の戦形は**円**（奇正の循環が無窮）であるから、敵が我を敗北させることはできない

d　勝利を勢に求める・勢は円石を千仞の山から落とすが如し

【原文】⑩勢d勝利を勢に求める・勢は円石を千仞の山から落とすが如し

乱生於治、怯生於勇、弱生於彊。治乱数也。勇怯勢也、彊強弱形也。故善動的者、形之敵必従之、予之敵必取之。以利動之、以卒待之。故善戦者、求之於勢、不責於人。故能捨人而任勢。任勢者、其戦人也、如転木石、木石之性、安則静、危則動、方則止、円則行。故善戦人之勢、如転円石於千仞之山者、勢也

【読み下し】⑩勢d勝利を勢に求める・勢は円石を千仞の山から落とすが如し

乱は治に生じ、怯（きょう）は勇に生じ、弱は彊（きょう）に生ず
治乱は数なり
勇怯は勢なり
彊弱は形なり
故に善く動かすは
之を形せば敵必ず之に従い
之を予（よ）すれば敵必ず之を取る

利を以って之を動かし、卒を以って之を待つ
故に善き戦いは、之を勢に求め、人を責めず
故に能く人を捨て勢に任ず
勢に任ずるは其の人を戦わすや、木石を転がすが如し
木石の性
安則ち静かにして、危則ち動き
方則ち止まりて、円則ち行く
故に善く人を戦わす勢は、円石を千仞の山に転がすが如きなり
これ勢なり

【解釈】⑩勢d勝利を勢に求める・勢は円石を千仞の山から落とすが如し
乱は**治**に生じ、**怯**（おびえ）は**勇**に生じ、**弱**は**強**に生じる（このように軍の状況にはすべて悪化する要因が内在している）（注）

（注）テキストは「乱生於治」を「乱は治**より**生じ」と読み「具体的に何を意味するか明白でない」としつつ「外の乱れは内が治まっているから、それをなし得るのである」と訳す。

次文の「敵を動かす」と虚実篇の「敵を欺く」との連想から「外（敵）に乱を示すことができるのは内（自軍）が治まっているからである」との解釈であると推量するが、敵に示すために乱を自演することは軍事常識では考えられない。筆者は「治に居て乱を忘れず」と同意であると解釈した。同様にテキストは「怯生於勇」「弱生於強」をそれぞれ「外の臆病は内に勇気がある**から**、それをなし得るのであり」「外の弱さは内に強さがある**から**、それをなし得るのである」と訳す。これらは「於」を理由を示す語として「より」と読み「から」と訳すことに起因している。筆者は「於」を場所・場面を示す語として素直に「に」と読み「に」と訳し、いずれも「内在するリスクを忘れるな」という警鐘であると解釈した。そのリスクをマネジメントする手法が次に説かれているのである。極めて科学的な思考と言える。

［その悪化要因を組織的な管理と運用によって制御する］

・**治乱**は**数**（分数。編組・階層的な組織編制）による（階層的に配置した複数の指揮官による管理体制）

・**勇怯**は**勢**（集団の勢力・威力、瞬時の進攻）による（怯える兵士を包込み勇気を出して行動させる集団力）

・**強弱**は**形**（戦形・陣形の堅固さ）による（弱点を生じさせない鉄壁の陣形）

敵を善く動かす（誘導する）道理は次のとおりである

・我の形が堅固で軍が強いことを示せば、敵は必ず我に従って行動する（我の主導的な動きに誘導される）

・我の行動が怠慢であるように示せば、敵は必ず我を攻撃・捕捉しようと進軍して来る ☞【之を利すれば③虚実b敵を誘導する】

従って、敵にとって有利な状況を示して誘導し進軍させ、我は兵を配置し待ち構えることがよい ☞【処して敵を待つ③虚実a主導権を握る】

そもそも、善い戦いは、勝利を勢に求め、**人**（部下・部隊）の責任としない

つまり、人ではなく勢に任すのである

勢に任じて人を戦わせる様子は、**木石**（木や石）を転がすようなものである

木石の性質は

安（安定した場所）に置けば静止し、**危**（危うい場所）に置けば動き始める

木石の形が**方**（角ばっている）であれば止まり、**円**（丸）であれば動き続ける

このような理由で、善く人を戦わす勢は、**円石**を**千仞の山**（極めて高い山）から転がし落とすようなものである ☞【千仞の谿⑨形c善き戦いの道理】

これが勢である

⑪火攻（軍争グループ、第十二篇）

【○題意、◎解題】

○火攻とは放火して敵を攻撃することをいう

◎放火の対象物に応じて適切な準備を整えるとともに、乾燥・強風が期待できる日時の選定が必要である

◎火攻は攻撃の補助手段であることを認識し、五火の変を心得て攻撃せよ

a　五火（五種の火攻）

【原文】⑪火攻ａ五火（五種の火攻）

孫子日凡火攻有五。一日火人、二日火積、三日火輜、四日火庫、五日火隊

【読み下し】⑪火攻ａ五火（五種の火攻）

孫子曰く、凡(およ)そ火攻(かこう)に五有り

一に曰く火人(かじん)
二に曰く火積(かせき)
三に曰く火輜(かし)
四に曰く火庫(かこ)
五に曰く火隊(かたい)

【解釈】⑪火攻a五火（五種の火攻）
孫子は言った。凡そ、**火攻**は（火を付ける対象物によって区分される）五種類がある
第一は火人（人(ひと)が対象）
第二は火積（積載物・貯蔵物が対象）
第三は火輜（輜重車が対象）
第四は火庫（倉庫が対象）
第五は火隊（隊舎が対象）である

b　火攻の準備と適時適日

【原文】⑪火攻b火攻の準備と適時適日
行火必有因、煙火必素具、発火有時、起火有日、時者天之燥也、日者月在箕壁翼軫也。
凡此四宿者風起之日也

【読み下し】⑪火攻b火攻の準備と適時適日
行火（こうか）、必ず因（いん）を有（ゆう）し
煙火（えんか）、必ず具（ぐ）を素（そ）す
発火に時有り、起火に日有り
時は、天の燥（かわ）けるなり
日は、月の箕（き）・壁（へき）・翼（よく）・軫（しん）に在（あ）るなり
凡そ、此の四宿（ししゅく）は、風起（かぜおこ）るの日なり

【解釈】⑪火攻b火攻の準備と適時適日
火攻を行う時には、必ず**因**（起源となるもの、着火用資材）を**有**（存在させる、準備す

る）し（注）
点火する際には、必ず**具**（具備されたもの、不足なく準備された点火用材）を**素**（もとから、前もって整えておく）する

（注）テキストは「敵に放火するには必ず作戦上の種々の理由によって行われる」と訳す。「因」を「理由」と解釈するものであるが、筆者は物理的な原因物と理解し「起源となるもの、着火用資材」と訳した。次の句と合わせて対句であり、同じ内容を言葉を換えて表現し、準備を周到に行う必要性を強調したものと考える。

火攻には適した時があり、適した日がある
適した時とは天気が乾燥した時である
適した日とは月が（暦にある二十八宿のうちの）**箕**・**壁**・**翼**・**軫**に宿る日である
概して、この四宿は風が強く吹く日である（注）

（注）何月何日が四宿に該当するかを事前に知り得ることを前提としている。そのためには、既に整備されている暦が必要である。後に述べるが、筆者は暦の整備が平時におけるマネジ

メントのひとつの分野の内容であると考えている。

ｃ　五火の変

【原文】⑪火攻ｃ五火の変

凡火攻必因五火之変而応之、火発於内則早応之於外、火発兵静者待而勿攻、極其火力、可従而従之不可従而止。火可発於外、無待於内以時発之、火発上風無攻下風、昼風久夜風止、凡軍必知有五火之変、以数守之

【読み下し】⑪火攻ｃ五火の変

凡そ、火攻は必ず五火の変に因りて之に応ぜよ

火、内より発すれば、則ち早く之に応じ

火、発して兵静かなれば、待ちて攻むる勿れ

その火力を極め、従う可くして之に従い、従う可からずして止めよ

火、外より発す可くんば、内に待つこと無く、時を以て之を発せよ

火、上風に発せよ、下風を攻むる無かれ、昼風は久しく、夜風は止む

凡そ軍は必ず五火の変有るを知り、数を以て之を守れ

【解釈】⑪火攻c五火の変

孫子は言った。

火攻は必ず**五火の変**（五火の状況に応じて変化対応する戦法）でもって戦え

（第一）発火場所が敵の施設内であれば、即座に外から攻撃せよ

（第二）放火しても敵兵が静かである場合は、攻撃せずに待機せよ

（第三）火力が最大になった時点で彼我の攻防の状況判断を下し、敵の対応に従って攻撃を継続することが可能であれば攻撃してもよいが、そうでなければ攻撃を中断せよ

（第四）外側から放火が可能であれば、内側での放火を待つことなく適当な時に放火せよ

（第五）風上から放火せよ、風下からは攻めるな、昼間の風は長く吹く、夜間の風は止む（ことに留意せよ）

すべからく戦闘は必ず五火の変を心得つつ、**数を以って**（階層的に組織編制された多数の兵士達によって）**之**（火攻・火勢）を**守**れ（維持せよ）☞【治乱は数⑩勢d勝利を勢に

求める・勢は円石を千仞の山から落とすが如し】（注）

（注）テキストは「火攻の際の方法を知ることによって、味方の軍を守らなければならない」と訳す。「数」を「物事を種々計算した上で立てられた方法・技術の意で、ここでは火攻についての方法を言う」と解説する。これは「数」を一般名詞として解釈したものである。しかし、孫武は既に「数」を「治乱は数」と用い、固有名詞として定義している。筆者は各篇の関連を主張しており、この「数」も勢篇における解釈を用いる。また「味方の軍を守る」とする訳にも疑義がある。「自軍を保全する」考え自体は正しいが、文脈からは外れている。この段は、ひたすら火攻という攻撃の内容を示しているのであり、自軍の保全は唐突過ぎる。「之」を「味方の軍」と訳したことに起因するのであるが、四句前には「之を発せよ（テキスト訳＝火を放つ」とあり「之」は「火」とすべきである。すなわち、火を発しただけでは不十分であり、火を守れと示しているのである。筆者は「火勢を維持せよ」とした。木と紙とで造られた日本の建造物とは違い、燃えにくい石や土が多用されている中国の建造物の状況を推量し、火を絶やさない努力が必要であることを強調したものと理解する。

d　火攻は攻撃の佐

【原文】⑪火攻ｄ火攻は攻撃の佐
故以火佐攻者明、以水佐攻者強、水可以絶、不可以奪

【読み下し】⑪火攻ｄ火攻は攻撃の佐
故に、火を以てせば、攻(こう)を佐(たす)くるは明(あきら)かなり
水を以てせば、攻を佐くるは強さのみなり、水は以て絶つ可くも、以て奪う可からず

【解釈】⑪火攻ｄ火攻は攻撃の佐
もとより、火攻は**攻撃の佐**（助け・攻撃力を増加させる）であることは明白である
［他方］水攻めが佐となるのは**強さ**（破壊力）のみである、水攻めは**絶つ**（敵の攻撃を中断させる）ことはできるが、**奪う**（敵の戦力を無力化させる）ことはできない

e　費留の災いと明君良将の行い

【原文】⑪火攻e費留の災いと明君良将の行い

夫戦勝攻取而、不修其功者凶、命日費留。故日、明主慮之、良将修之、非利不動、非得不用、非危不戦、主不可以怒而興師、将不可以慍而致戦、合於利而動不合於利而止、怒可以復喜、慍可以復悦、亡国不可以復存、死者不可以復生、故明君慎之、良将警之、此安国全軍之道也

【読み下し】⑪火攻e費留の災いと明君良将の行い

夫れ、戦い勝ち攻め取りて、その功を修めざるは凶なり

命て曰く、費留なりと

故に曰く

明主は之を慮し、良将は之を修す

利に非ざれば動かず

得るに非ざれば用いず

危に非ざれば戦わず

主は、怒り(いか)を以て師(し)を興(おこ)す可(べ)からず
将は、慍(うらみ)を以て戦(たたかい)を致(いた)す可からず
利に合いて動き、利に合わずして止む
怒りは以て喜(よろこ)びに復す可く、慍みは以て悦(よろこ)びに復す可し
亡国(ぼうこく)は以て存(そん)に復す可からず、死者(ししゃ)は以て生(せい)に復す可からず
故に、明君は之を慎(つつし)み、良将は之を警(いまし)む
此(こ)れ、国を安(やす)んじ軍を全(まっと)うするの道(どう)なり

【解釈】⑪火攻e費留の災いと明君良将の行い
戦勝し目的を果たした後、残留して兵を引かないのは災いの元である
これを**費留**（浪費の残留）という ☞【久しく師を暴せば則ち国用足らず④作戦b兵は拙速を尊ぶ】
故に［費留とともに明君良将の行いについては次のように戒め言い慣わされている］
・明君は費留を憂慮し、良将は兵を引く
・利益がなければ動かない
・得るものがなければ兵を用いない

・危機でなければ戦わない
・君主は、怒りで軍を招集してはいけない
・将軍は、慍みで開戦してはいけない
・利益があれば動き、なければ止まる
・怒りは喜びに換えることができるし、慍みは悦びに換えることができる
・［しかし］国は崩壊すれば再興できないし、人は死亡すれば生き返らない
故に、明君は軍の招集を慎み、良将は開戦を警む
これこそが、国を安全にし軍を保全するための道理である（注）
【必ず全を以って②謀攻c謀攻の法・国の保全】

（注）この段の内容は、第三篇「謀攻」に近い。本篇「火攻」に含まれる理由については不明である。

⑫軍争（軍争グループ、第七篇）

【○題意、◎解題】

○軍争とは、彼我の軍の布陣争いのことである

◎緊要地へ敵よりも早く移動し有利な地を確保して態勢を整えて敵を待つ

◎敵がその地に進攻するように誘導し、確認した後に急行する（迂直の計）

（我が迂であると見せかけ、敵が利を求めて行動することを誘導し、直行する）

（迂…迂回路を行く、ぐずぐずして出発が遅れる）

（直…敵の思いもつかない速い速度で移動する）

◎軍争の法、気・心・力・変を治める法、用兵の法、全てを知れ

a　迂直の計

【原文】⑫軍争a迂直の計

孫子曰、凡用兵之法、将受命於君合軍聚衆交和而舎莫難於軍争。軍争之難者以迂為直

以患為利。故迂其途而誘之以利、後人発先人至。此知迂直之計者也。故軍争為利軍争為危、挙軍而争利則不及、委軍而争利則輜重損。是故巻甲而赴日夜不処倍道兼行、百里而争利則擒三将軍、勁者先疲者後、其法十一而至、五十里而争利則厥上将軍、其法半至、三十里而争利則三分之二至。是故軍、無輜重則亡、無糧食則亡、無委積則亡。故不知諸侯乃謀者不能予交、不知山林険阻沮澤之形者不能行軍、不用郷導者不能得地利

【読み下し】⑫軍争a迂直の計

孫子曰く、凡そ兵を用うるの法

将、命を君に受け、軍を合わせ、衆を聚め、和を交えて、舎するに

軍争より難きは莫し

軍争の難きは、迂を以て直と為し

患を以て利と為せばなり

故に其の途を迂にして、之を誘うに利を以てし

人に後れて発し、人に先んじて至る

此れ迂直の計を知るなり

故に軍争は利を為し、軍争は危をなす
軍を挙げて利を争えば、則ち及ばず
軍を委(い)して利を争えば、則ち輜重(しちょう)損(す)てらる
是の故に、甲を巻きて赴(ふ)し、日夜処らず道を倍して兼行し
百里にして利を争えば則ち、三将軍を擒(とりこ)にす
勁(つよ)き者は先んじ疲れる者は後れ、其の法、十が一にして至る
五十里にして利を争えば則ち、上将軍蹶(けっ)す、其の法、半ば至ればなり
三十里にして利を争えば則ち、三分之二至る
是の故に、軍
輜重無ければ則ち亡び
糧食無ければ則ち亡び、委積(いせき)無ければ則ち亡ぶ、故に
諸侯の謀(ぼう)を知らざれば、予め交わること能わず
山林険阻沮澤の形を知らざれば、軍を行ること能わず
郷導(きょうどう)を用いざれば、地の利を得ること能わず

【解釈】⑫軍争a迂直の計
孫子は言った。凡そ用兵の法は
将軍が君主から命令を受け、三軍を合わせ、兵士を集め、交えて宿営するが、［その後実施する］**軍争**より困難なものはない
軍争の困難さは、**迂**（迂回・出発の遅れ）を**直**（直行・迅速な移動・先着）とし
患（災い、難儀・不利）を**利**（有利）とすることが必要となるからである
我は［戦場となる緊要地へ］直ぐ出発せずに意図的に留まり、その緊要地への移動が敵にとって有利であると判断させる［すなわち、敵に我の到着が遅くなると思わせ、進軍を促すのである］
敵の発進を確認した後に我も緊要地へ急行し、敵より早く到着する［早く到着する方策については後の文から理解できる。要約すると、事前に周辺の諸侯と友好関係を結び、地形を調べ、道案内人を雇い、軍の装備は適量を確保しつつ、最大の速度で移動する、ことである］
これを**迂直の計**という
しかし、この軍争（迂直の計）には利の面とともに**危**の（危険な）面がある。［危の面とは、最大速度を得るための措置が兵力の低下をもたらすことである。この兵力低下

の程度は移動距離と軍の装備量とに関係する」
全軍を挙げて（完全編成・完全装備で）**利**（有利な地への早期到着）を争えば、則ち遅れる
完全装備でなく一部の軍を残して利を争うとなると輜重部隊が見捨てられることになる
この場合、兵士の甲冑を外させ巻いて車載し身軽な姿で走らせ、日夜兼行、不眠不休、通常の二倍の速度で急行するわけであるが、
・百里（40㎞先の地）に利を争えば、多くの兵士が未到着で兵力が不十分なので三将軍が捕虜となる。頑強な者は先に着くが疲れた者は遅れる。経験則では十分の一が到着するのみだからである
・五十里（20㎞）に利を争えば、先陣の将軍が失敗する。経験則では到着するのは半分だからである
・三十里（12㎞）に利を争えば則ち三分の二が到着する
［こうした軍争の危険な面を認識せずに猛進すると軍は崩壊する］
糧食がなければ則ち滅亡し、積荷がなければ則ち滅亡する
故に（緊要地への先行移動を達成するためには）

諸侯の**謀**（謀略・はかりごと・思惑）を知っておかなければならない、知らなければ事前に友好関係を築くことができない ☞【諸侯の謀⑦九地h人情の理と将軍の統率】

山林険阻沮澤の特質を知らなければ行軍できない ☞【行軍するを能わず⑦九地h人情の理と将軍の統率】

郷導（道案内人）を用いなければ**地の利**（緊要地への到着）を得ることができない ☞【郷導・地の利⑦九地h人情の理と将軍の統率】

b　風林火山

【原文】⑫軍争b風林火山

故兵以詐立以利動、以分合為変者也。故其疾如風、其徐如林、侵掠如火、不動如山、難知如陰、動如雷震、掠郷分衆、廓地分利、懸権而動

【読み下し】⑫軍争b風林火山

故に兵は

詐を以て立ち、利を以て動き、分合を以て変を為すなり

故に
その疾き（と）こと風の如く
その徐（しず）かなること林の如く
侵掠すること火の如く
動かざること山の如し
知り難きこと陰の如く
動くこと雷震の如く
郷を掠（りゃく）して衆に分ち兵士に分け
地を廓（かく）して利を分ち
権（けん）を懸（かか）げて動く

【解釈】 ⑫軍争b風林火山

そもそも、用兵は
偽って立ち止まり、利があれば動き、軍を分割・集合させて変化する
故に
疾きこと風の如く（疾風のように迅速に動き）

徐かなること林の如く（森林のように大勢が静かに粛々と進み）
侵掠すること火の如く（燎原の火のような勢いで侵略し）
動かざること山の如し（山のように動かず）
知り難きこと陰の如く（作戦は陰のように密やかで敵に知られず）
動くこと雷震の如く（雷震のように大音量大震動で動き始め）
郷を掠して衆に分ち（郷を占領して食料等を兵士に分け）☞【饒野を掠して三軍は食を足し⑦九地e敵地深く進攻した場合の道理】
地を廓して利を分ち（支配地を拡大して利益を分配し）
権を懸けて動く（天下に覇権を標榜して軍を動かす）（注）

（注）テキストは「すべてについてその軽重をはかり考えて適切に行動する」と訳す。「権＝はかりのおもり、分銅」とし「権を懸（か）ける＝はかる⇩はかり考える」と解釈したものである。筆者は「権＝覇権」「懸（かか）げる＝掲げる⇩標榜する」と解釈した。ちなみに「権」は全篇で4回使用されており、他の3回はそれぞれ「権力」「覇権」「主導権」と訳されており、「おもり」とする例はない。☞【三軍の権②謀攻e将軍に任せよ・君主は口を出すな】☞【天下の権⑦九地・i覇王の兵・将軍】☞【権を制す⑬計c七計】

c　軍争の法・軍政

【原文】⑫軍争c軍争の法・軍政

先知迂直之計者勝、此軍争之法也。軍政曰、言不相聞故為金鼓、視不相見故為旌旗、夫金鼓旌旗者所以一人之耳目也。人既専一則、勇者不得独進怯者不得独退、此用衆之法也。故夜戦多火鼓昼戦多旌旗、所以変人之耳目也。故三軍可奪気将軍可奪心

【読み下し】⑫軍争c軍争の法・軍政

先ず迂直の計を知るは勝つ
此れ軍争の法なり
軍政に曰く
言うこと相聞こえず、故に金鼓を為す、視ること相見えず、故に旌旗を為す
夫れ金鼓旌旗は人の耳目を一にする所以なり。人既に専一なれば、則ち、勇者も独り進むを得ず、怯者も独り退くを得ず。此れ衆を用うるの法なり。故に、
夜戦には火鼓を多くし
昼戦には旌旗を多くす

人の耳目を変ずる所以なり、故に三軍は気を奪う可く、将は心を奪う可し

【解釈】⑫軍争c軍争の法・軍政

用兵の原則のなかでも重要なものの第一は迂直の計であり、これを知れば勝つ
これが**軍争の法**（原則、勝利の要件）である ☞【迂直の計・⑫軍争a迂直の計】

［決戦に際しては］次のように**軍政**（軍内の取り決め）を行う

・戦場では号令が聞こえないので金鼓を用い、手信号では見えないので旌旗を使う
すなわち金鼓旌旗は兵士の耳目となる。敵地に深く侵入して兵士は既に団結している状態なので※合図すれば、勇猛な者が一人で飛びだすことはなく、怯弱な者が一人も後退りすることはない。これが多くの兵士を用いる方法である。また、

・夜戦の時には火のついた松明を多く持たせ、金鼓を激しく打ち鳴らす

・昼戦の時には旌旗を多く翻す

このようにして敵の耳目を惑わせる（我の兵力を多く思わせる）ことをすれば、敵の全軍の兵士の気持ちを萎えさせ、敵の将軍の心を不安定・消極的なものとすることができるのである　※☞【深く入れば則ち専⑦九地e敵地深く進攻した場合の道理】

d　気・心・力・変を治める

【原文】⑫軍争d気・心・力・変を治める

是故、朝気鋭昼気惰暮気帰、故善用兵者、避其鋭気撃其惰帰此治気者也。以治待乱以静待譁此治心者也。以近待遠以佚待労、以飽待飢、此治力者也。無邀正正之旗、勿撃堂堂之陳、此治変者也

【読み下し】⑫軍争d気・心・力・変を治める

是れ故に、朝気は鋭く、昼気は惰り、暮気は帰る
故に善く兵を用うるは、其の鋭気を避け、惰帰を撃つ
此れ気を治むるなり
治を以て乱を待ち、静を以て譁（か）を待つ
此れ心を治むるなり
近きを以て遠きを待ち、佚を以て労を待ち飽を以て飢を待つ
此れ力を治むるなり
正正の旗を邀うる無かれ、堂堂の陳を撃つ勿れ
此れ変を治むるなり

【解釈】⑫軍争d気・心・力・変を治める

そもそも、人の運気は、朝は元気で鋭く、昼は惰気が生じ、暮は気根が絶えるものだ

故に善い用兵は、朝の鋭気を避け、昼暮の惰帰に陥った敵を攻撃する

これを**気を治める**という

我の兵士は心が安定し治まって静かな状態で、敵が秩序を乱し騒然となるのを待って攻撃する

これを**心を治める**という

我は近い移動で安佚に食料も十分な状態で、遠くから移動し疲労して食料が欠乏している敵を待ち受けて攻撃する ☞【先に戦地に処して敵を待つは佚し、後れて戦地に処して戦いに赴くは労す③虚実a主導権を握る】

これを**力を治める**という

敵が正面から正正と旗を掲げ威風堂堂とした陣形で進軍してきたときは、攻撃してはいけない（策を画し変化せよ）☞【敵衆く整いて将に来らんとす⑦九地d精強な敵への対応】

これを**変を治める**という

e　用兵の極意

【原文】⑫軍争e用兵の極意

故用兵之法、高陵勿向、背丘勿逆、佯北勿従、鋭卒勿攻、餌兵勿食、帰師勿遏、囲師必闕、窮寇勿迫。此用兵之法也

【読み下し】⑫軍争e用兵の極意

故に兵を用うるの法
高陵には向う勿れ
丘を背にするには逆う勿れ
佯り北ぐるには従う勿れ
鋭卒は攻むる勿れ
餌兵は食う勿れ
帰師は遏むる勿れ
師を囲めば必ず闕き
窮寇には迫る勿れ

此れ兵を用うるの法なり

【解釈】⑫軍争e用兵の法（極意）

もとより、用兵の法は次のとおりである

・高い丘の敵には手向かうな　☞【隆きに戦いて登る無かれ⑤行軍a四種類の行軍・その極意】
・丘を背にした敵には逆らうな
・偽って逃げる敵は追いかけるな　☞【半ば進み半ば退くは誘うなり⑤行軍g敵兵の動きから敵情を知る】
・精鋭部隊には攻撃するな　☞【⑦九地d精強な敵への対応】
・餌兵（囮・誘いの手）には乗るな
・帰国する大部隊は留めようとするな
・部隊を取り囲む時は必ず逃げ道を開け
・窮地に陥った敵は最後まで追い詰めるな

これが**用兵の法**（極意）である。

⑬計（総括、第一篇）

【○題意、◎解題】

○計とは、彼我の戦力・軍備状況を明らかにするための分析集計手法である

◎軍備は重要であるから、平時から五分野（五事）に分けて適切にマネジメントする

◎有事、戦端を開く前には、作戦準備間の諸準備の進捗状況を含めた総合的な彼我の状況判断を実施する（七計）

◎実際の戦闘場面での原則は「正道で相争い、詭道で勝つ」ということであり、勝つための詭道について理解・習熟することが重要である

本篇の前半部分は従来から難解とされてきた。当初、筆者も理解不能であったが、「知的冒険」成立の裏付けの存在に気付き、新しい解釈に挑戦したものである。

新解釈の説明はテキストとの対比によってなされるため、これまでその都度テキストの記述を引用してきたが、部分的な引用だけではテキストの本意を知ることはでき

ないと考え、本篇前半部分のテキスト通釈を転載させていただき解釈の参考とした。

また、筆者の提案する解釈も、都度の説明と注釈によって寸断され読みづらいものになってしまったので、同じ部分を合わせて提示する。テキストと対比して参照していただきたい。

参考　**【テキスト通釈】**（本篇の前半部分）**】**

孫子は次のように言う。戦争は国家の重大事件で、国民の生死を決めるものであり、国家の存亡を左右するものである。この事は慎重に考察しなければならない。そこで平生軍備をなすのに次の五つの事を基本としている。そしていよいよ彼我両国の軍備を比較する時には、その優劣の数を計算して、彼我両国の実情を求め知るのである。五つの事とは、第一に道、第二に天、第三に地、第四に将、第五に法を言う。

第一の道とは、国民と君主と一心同体ならしめることである。従って民は君主とその死生を同じくして危険を恐れなくなる。第二の天とは、天候上の明暗と、気候と、時の変化についての法則とを言う。第三の地とは、両地点間の距離と、地形上の険しさと、土地の広さと、戦闘上の有利不利の環境とを言う。第四の将とは、智恵と信頼と仁愛と勇気と威厳とを言う。第五の法とは万端遺漏のない制度と諸官の地位・職務の規定と、それらの運営とを言う。およそ将軍はこの五つの事を聞かないものはない。そしてこれをよく知っている者が戦争に勝ち、よく知らない者は戦争に敗れるのである。

事急な時、そこで、いよいよ彼我両国の軍備を比較するのに、優劣の数を計算して、彼我両国の実情を求め知る。すなわち、彼我両国において、いずれの君主がよりよく有徳であろうか。いずれの将軍がよりよく有能であろうか。いずれがよりよく天地の恩恵をうけて物資が豊富であろうか。いずれが制度と命令がよりよく遵守されていようか。いずれの兵がよりよく強いであろうか。いずれの士卒がよりよく熟練していようか。いずれがよりよく賞罰を明らかにして行われていようか。その優劣の数をそれぞれ計算する。この計算によってわたしはあらかじめ彼我両国の勝敗を知ることができる。

主君がわたしの以上のようなはかりごとを聞き入れて、このはかりごとを用いたなら、必ず敵に勝つでしょう。そうすればわたしはこの国にとどまりましょう。主君がもしわたしのはかりごとを聞き入れて用いることがないならば、必ず敵に敗れるでしょう。そうすればわたしはこの国を去りましょう。およそ、そのはかりごとが有利であるとして、それが聞き入れられるならば、そこで始めて有利なはかりごとが勢をつくりだし、それが外的条件をよくする。勢とはその有利に乗じて臨機応変の処置をなすことである。

参照**【筆者通釈**（本篇前半部分）**】**テキストと異なる部分を**太字**とした

a　**国の大事、死生の地、存亡の道**

孫子は言った。**軍備は国王にとって先祖の祭祀と同様に大切な仕事であること、地形には死地と生地があること、戦闘には存亡の道理があること、この三点を十分に理解し考察しなければならない**

b　**五事**

故に、平時から五事と称す**五分野に分けて軍備をマネジメントし**、計と称す分析集計の手法を用いて、その実情を捜し求め総合的に状況判断する。五分野とは、道・天・地・将・法である。

・**道とは道理のことであり、**道理は**兵士を将軍と**意を同じくさせるものである。その結果、死を怖れず将軍の指図どおり死地に向かい、共に生還するために危害を畏れず勇敢に戦って勝利する。**平時からこの道理をより良く理解し、その道理に則って行動することが、この分野におけるマネジメントの主眼である**

・**天の分野におけるマネジメントの主眼**は、**月と太陽・月齢・日の出日の入り・明暗・二十八宿等**の陰陽、**気候・季節・二十四節季等**の寒暑、および時刻の制定である時制、それらを**整理し活用可能状態に維持**すること、すなわち**暦の各諸元の管理**である

・**地の分野におけるマネジメントの主眼**は、地点間の距離・高度差・平面の面積・空間の容量、および**死地と生地**等の地形の特質、それらを**整理し活用可能状態に維持**することである。すなわち行軍・宿営・布陣等の行動の基礎となる**地図の各諸元の管理**である

・**将の分野におけるマネジメントの主眼**は、智恵・信義・仁愛・勇気・厳格の実現である。すなわち、これらの**人格的資質を具備した将軍を採用するための人事情報の収集管理**である

・**法の分野におけるマネジメントの主眼**は、部曲制度・部隊編制、士官・官僚道徳律・服務規則、**主計用度、戦費の準備**、それらの**造成・維持**である。すなわち**戦力基盤に係る諸制度の管理**である

一般にこの五分野の事項は、敵軍を含め将軍であれば誰でも聞き及んでいるはずであるが、この内容を正しく理解し十分に知っている将軍が戦闘に勝利し、よく知らない将軍は勝利できない。**私・孫武はそれを熟知しており将軍適任者である**

c　七計

戦う前には総合的な状況判断を実施する。その方法はつぎのとおりである

平時から管理している五分野における我のデータと間から得た敵の情報を五分野について整理した敵のデータとを基に両軍を分野ごとに比較し優劣を判定し、その結果を集計して彼我

両軍全体の優劣及び軍事全体に関する実情を総合判断する。これが計という分析集計手法である。

計によって次の事項を明らかにする。まず、五分野については次のように言える

・**君主はどちらが正しく戦闘の道理を理解しているか**
・将軍はどちらが有能か
・**天・地の特性諸元を明らかにするための暦と地図の精密度・信頼度は、どちらがよりよく整備できているか**
・軍政面・軍令面での斉一性の基盤となる法令の整備・普及はどちらが徹底しているか

以上の**四つの事項（平時の五事）**に加えて、**作戦準備間に関わる三つの事項**がある

・**徴用で集められた兵器・装備品の修理等を担当する専門の集団である兵衆**はどちらが強靭な態勢になっているか
・**徴兵後の急速練成訓練を受けている士卒**は、どちらの練度が高くなっているか
・**その士卒に対する法令の徹底と賞罰の基準等**はどちらが明らかにされ理解されているか

私、孫武はこのようにして勝敗の行方を知るのです。国王が私の計を承諾し**私を将軍として採用していただけるのであれば**必ず勝利してみせます、**私をお留めください**。私の計を承諾しないまま私を採用しても必ず敗けます。**計の承諾がなければ私は採用を辞退します。**

私を去らせてください。

計を承諾していただければ、私は軍に有利な条件をもたらし、その利が勢となります。勢は軍の兵士を勇気付け団結して怒涛の如く進撃する力となるとともに、その外の諸事項に好影響を及ぼす力となります。**勢は有利な態勢によって主導権を制すものといえます。**

以上、本篇前半部分についてテキストおよび筆者の通釈を記し、解釈の違いを明らかにした。読者が全体像を理解する際の資となるものと考える。

a　国の大事、死生の地、存亡の道

【原文】⑬計a国の大事、死生の地、存亡の道

孫子曰、兵者国之大事、死生之地、存亡之道、不可不察也

【読み下し】⑬計a国の大事、死生の地、存亡の道

孫子曰く

兵は国の大事

死生の地
存亡の道
察せざるべからずなり

【解釈】⑬計a国の大事、死生の地、存亡の道
孫子は言った（呉王闔閭に申し上げた）
兵（軍備）は**国の大事**（国王にとって先祖の祭祀と同様に大切な仕事）であること
☞【第二章2他篇との関連を軽視する謎・「兵は国の大事…」疑念ABC】
地形には**死生の地**（死地と生地）があること
☞【死生の地③虚実f会戦の時と場所を主体的に決める】
☞【第二章2他篇との関連を軽視する謎・「兵は国の大事…」疑念D】
戦闘には**存亡の道**（存亡の道理・勝敗を決める道理）があること
☞【第二章1儒家思想を導入する謎・「道」】
☞【第二章2他篇との関連を軽視する謎・「兵は国の大事

…」疑念E】

この三点を十分に理解し考察しなければならない（ご理解いただきたい）

☞【第二章2他篇との関連を軽視する謎・「兵は国の大事…」疑念FGH】（注）

（注）テキストは「戦争は国家の重大事件で、国民の生死を決めるものであり、国家の存亡を左右するものである。このことは慎重に考察しなければならない」と訳す。この見解は多くの著書で採用されて定説となっているが、筆者は新しい解釈を提案する。末尾の句は原文「不可不察也」であるが、テキストは「也」を移動させて解釈しており、文全体の意味が大きく変化している。「不可不察也」は孫武の用いる慣用句であり、他篇においても多く用いられている。その表現を変更することは極めて不適切である。☞【不可不察也・⑥地形a六種類の地形・将軍の任務】☞【不可不察也・⑥地形b敗戦の道理】☞【不可不察也・⑦九地g将軍の事】☞【不可不察也・⑧九変c将の五危】

b　五事

【原文】⑬計b五事

故経之以五事、校之以計而索其情。一曰道二曰天三曰地四曰将五曰法。道者令民与上同意也。故可以与之死可以与之生而不畏危。天者陰陽寒暑時制也。地者遠近険易広狭死生也。将者智信仁勇厳也。法者曲制官道主用也。凡此五者将莫不聞。知之者勝、不知者不勝

【読み下し】⑬計b五事

故に、五事を以って之を経し、計を以って之を校して、其の情を索す

一に曰く道、二に曰く天、三に曰く地、四に曰く将、五に曰く法

道は民をして上と意を同じくせしむるなり

故に、以って之と死す可く、以って之と生く可くして、危きを畏れざるなり

天は陰陽寒暑時制なり

地は遠近険易広狭死生なり

将は智信仁勇厳なり

法は曲制官道主用なり
凡そ此の五は、将聞かざるは莫し
之を知るは勝ち、知らざるは勝たず

【解釈】⑬計b五事
故に、平時から**五事**を以って（五分野に分けて）**之**（兵＝軍備）を**経**（経営管理・マネジメント）し**計**（分析集計）という手法を用いて之を**校**（比較＝間から得た敵の情報を各分野ごと整理して比較し、その結果を集計）してその**情**（実情）を**索**す（捜し求める・総合的に状況判断する）
五事とは、道・天・地・将・法である

・**道**（道理）は**民**（兵士）を**上**（将軍）と意を同じくさせるものである。その結果、死を怖れず将軍の指図どおり死地に向かい、共に生還するために危害を畏れず勇敢に戦って勝利する。平時からこの道理をより良く理解し、その道理に則って行動することが、この分野におけるマネジメントの主眼である（注）

（注）テキストは「国民を君主と一心同体とならしめるものである」と訳す。紀元前5世紀、国家の主権者たる君主と底辺に暮らす一般国民が一心同体になるという概念が成立するか甚だ疑わしい。「上」を君主としているが、次の文節で君主は「主」と表現しており齟齬がある。また「民」を国民としているが、戦場における内容であることから、国民全体ではなく兵士とするほうが妥当である。従って、兵士と意を同じくする「上」は将軍となる。同様の表現が第三篇「謀攻」にある ☞【上下欲を同じく②謀攻f彼を知り己を知れば百戦して殆からず】

（注・補足）テキストは「道」を「道徳」と解釈しており、次の文節では「主、孰れか有道なる」を「孰れの君主がより有徳であるか」と訳す。しかしながら、前節「存亡の道」を「存亡の道徳」とは訳さず「存亡を左右するもの」と訳し「比喩的表現・別れ道」であると解釈する。筆者は「道」を「道理」と訳し、他の文節や他篇の「道」の解釈との同一性を保っている。

・**天**は（天の分野におけるマネジメントの主眼は）、**陰陽**（月と太陽、月齢・日の出日の入り・明暗、二十八宿）**寒暑**（気候・季節・二十四節季）**時制**（時刻の制定）である。すなわち**暦**の各諸元の管理である（注）

（注）テキストおよび他の解説書は、単に言葉の直訳に終わっている。筆者は「暦」の概念を導入して、平時のマネジメントの対象とした。筆者独自の見解である。有事はその成果を戦闘場面で活用する。火攻の際の気象判断に関する記述がある　☞【四宿・⑪火攻b火攻の準備と適時適日】

・**地**は（地の分野におけるマネジメントの主眼は）、**遠近**（地点間の距離）**険易**（険峻平易、高度差）**広狭**（平面・空間の容量）**死生**（死地と生地、地形の特質）である。すなわち行軍・宿営・布陣等の行動の基礎となる**地図**の各諸元の管理である（注）

（注）天と同様にテキストおよび他の解説書は直訳のみであるが、筆者は「地図」の概念を導入して、平時のマネジメントの対象とした。これも筆者独自の見解である。有事はその成果を戦闘の各種場面で活用する。行軍等における地形判断の記述がある　☞【山・水・斥澤・平陸に居るの軍⑤行軍a四種類の行軍・その極意】　☞【険厄遠近⑥地形c上将の道、戦道】　また、大部隊の展開・部隊の集合は地形によって制約を受けるため、戦場となる地形を知ることによって彼我の戦力比較を推定することが可能となり、戦いを有利に導けると

する。☞【度・量・数・称・勝⑨形c善き戦いの道理】

・**将**は（将の分野におけるマネジメントの主眼は）、**智信仁勇厳**（智恵・信義・仁愛・勇気・厳格）である。すなわち、これらの人格的資質を具備した将軍を採用するための人事情報の収集管理である（注）

（注）テキスト等は将についても言葉の解釈のみであるが、筆者は将軍人事の重要性を指摘しているものと理解し、平時のマネジメントの対象とした。将軍に関しては、次の通り『孫子』全篇で多く記述がある

・将は戦いの主体者であり、国王の重要な存在・補佐役である ☞【主の佐・勝の主①用間a事前に敵情を知る】☞【君主の宝②用間b五種類の間】☞【国の輔②謀攻e将軍に任せよ・君主は口を出すな】☞【生民の司命・国家安危の主④作戦c軍事費用を増大させない工夫】☞【国の宝⑥地形c上将の道・戦道】

・将には優れた能力・資質が求められる。☞【聖智・仁義・微妙①用間c間を用いる者の資質】☞【親附・文・必取⑤行軍h将軍の統率】☞【静粛にして幽⑦九地g将軍の事】☞【優れた将軍の用兵⑦九地・i覇王の兵・将軍】☞【先に勝つ⑨形b善く戦う者（優

秀な将軍）】 ☞【良将⑪火攻e費留の災いと明君良将の行い】

・将に起因する災いもある。 ☞【必死・必生・忿速・廉潔・愛民⑧九変c将の五危】

・**法**は（法の分野におけるマネジメントの主眼は）、**曲制**（部曲制度、部隊編制）**官道**（士官・官僚道徳律、服務規則）**主用**（主計用度、戦費の準備）である。すなわち戦力造成基盤に係る諸制度の管理である

一般にこの五分野の事項は、敵軍を含め将軍であれば誰でも聞き及んでいるはずであるが、この内容を正しく理解し十分に知っている将軍が戦闘に勝利し、よく知らない将軍は勝利できない（私・孫武は熟知しており将軍適任者である）（注）

（注）テキストは、五事を「五つの事」、経を「基本とする」と訳しているが、その内容が不明確である。筆者は、それぞれ「五分野」「マネジメントする」とし、平時は分野ごとにマネジメントするとした。筆者独自の考え方であるが、これによって次節の七計との区分が明らかとなる。

c　七計

【原文】⑬計c七計

故校之以計而索其情。日、主孰有道将孰有能、天地孰得法令孰行、兵衆孰強士卒孰練、賞罰孰明。吾以此知勝負矣。将聴吾計用之必勝。留之。将不聴吾計用之必敗。去之。計利以聴、乃為之勢以佐其外。勢者因利而制権也

【読み下し】⑬計c七計

故に、計を以って之を校してその情を索む

曰く

主孰れか有道なる
将孰れか有能なる
天地孰れか得たる
法令孰れか行なわる
兵衆孰れか強き
士卒孰れか練られたる

賞罰孰れか明らかなる
吾此れを以って勝負を知る
将に吾が計を聴きて之を用うれば必ず勝たん
之を留めよ
将に吾が計を聴かずして之を用うれば必ず敗れん
之を去らせよ
計は聴くを以って利となり
乃ち之の勢を為して以って其の外を佐く
勢は利に因りて権を制するなり

【解釈】⑬計c七計

故に、計という分析集計手法を用いて、彼我両軍の分野ごとの優劣を比較判定してその結果を集計し、軍事全体に関する実情を総合判断する

比較判定する事項は、まず平時の五分野については次のように言える

・**主孰れか有道なる**…君主はどちらが正しく戦闘の道理を理解しているか（軍事における君主と将軍の役割の理解、将軍を信頼し余計な口をださないことへの理解）（注）

（注）テキストは「いずれの君主がよりよく有徳であろうか」と訳す。道を「道徳」と解し、徳治政治が国力を増大安定させるとの意である。しかし、儒教の影響は全くない兵法書『孫子』が説く科学的思考方法に基づく状況判断の評価要素としては疑念がある。筆者は道を道理と訳し、君主が戦いの道理を理解しているか否かを評価要素とする ☞【第二章1儒家思想の導入に起因する謎・「道」】☞【君主の患②謀攻e将軍に任せよ・君主は口を出すな】☞【君命も受けざる⑧九変a九変の地利・九変の術】☞【明君は之を慮す⑪火攻e費留の災いと明君良将の行い】

・**将孰れか有能なる…**将軍はどちらが有能か（人格的資質・戦闘の各種道理の理解と実員指揮能力、統御・統率力を具備しているか）

・**天地孰れか得たる…**天・地の特性諸元（暦と地図の精密度・信頼度）は、どちらが多くのデータを得て整理しているか（注）

（注）テキストは「いずれがよりよく天地の恩恵をうけて物資が豊富であろうか」と訳す。

国力の基礎的評価であれば妥当であるが、戦端を開く直前の彼我の態勢の優劣評価要素としては曖昧過ぎる。具体的に示している他の評価要素のレベルとは乖離している。戦闘場面で天地の利を得るための具体的な準備が整っているか否かを問題とすべきであろう。筆者は独自に暦・地図の概念を導入した。

・**法令孰れか行なわる**…法令の整備・普及（軍政面・軍令面での斉一度、徹底度）はどちらが行われているか

以上の四つの事項（平時の五事）に加えて、作戦準備間に関わる三つの事項がある（注）

（注）合わせて七つの事項を一般に「七計」と称している。テキストは五事と七計との関係を明確に示すことができず「重複している、後人の衍文であろう」との立場をとり、七計の語を用いない。筆者は新たに時間軸を導入して、平時と有事の間に作戦準備期間のあることを指摘し重複問題を克服した☞【第二章4科学的思考から離れる謎・「五事七計」】

・**兵衆孰れか強き**…徴用で集められた**兵衆**（兵器・装備品の修理等を担当する専門の集団）はどちらが強靭な態勢になっているか ☞【七計・第二章4】

・**士卒孰れか練られたる**…徴兵後の急速練成訓練を受けている士卒は、どちらの練度が高くなっているか ☞【七計・第二章4】

・**賞罰孰れか明らかなる**…その士卒に対する法令の徹底と賞罰の基準等はどちらが明らかにされ理解されているか ☞【七計・第二章4】

私（孫武）はこのようにして勝敗の行方を知るのです

まさに私の計（彼我の比較手法・勝敗見積もり）を国王が承諾し私を将軍として採用していただければ必ず勝利してみせます。私をお留めください（注）

まさに私の計を承諾しないまま私を採用しても必ず敗けます。計の承諾がなければ私は採用を辞退します。私を去らせてください（注）

（注）テキストは原文「将聴吾計用之必勝。留之」「将不聴吾計用之必敗。去之」をそれぞ

れ「主君がわたしの以上のようなはかりごとを聞き入れて、このはかりごとを用いたなら、必ず敵に勝つでしょう。そうすればわたしはこの国にとどまりましょう」「主君がもしわたしのはかりごとを聞き入れて用いることがないならば、必ず敵に敗れるでしょう。そうすればわたしはこの国を去りましょう」と訳す。他の文章では「主」と「将」は明確に区分されているのに、この部分においてのみ「将」を「主君」と解釈することには疑念がある。筆者は「将」を協調語「まさに」とした。主語は記されていないこととなり、命令句となる。行動の主体は「吾」が対面している国王である。命令している動作は「聴く（承諾する）」「用いる（採用する）」であり、それぞれの目的語が「吾計（私の計）」「之（私）」となる。ここで通常「之」という代名詞は人物ではなく物を指すことから、テキストは「之＝吾計」であるとしたものであろう。しかし、初対面の場面で自分を紹介する場合に「これ」と言う語を用いることの例は多い。相手が認識する前の自分の指示代名詞は、物と同じ「これ」である。英語では「This　is　～」、能や狂言では「**これ**は…に住む～と申す者にて候う」という。

計を承諾していただければ、私は軍に有利な条件をもたらし、その利が軍の**勢**（兵士を勇気付け団結して怒涛の如く進撃する力）となって、その外の諸事項に好影響を及ぼ

す力となります ☞【勝利を勢いに求める⑩勢d勝利を勢に求める・勢は円石を千仞の山から落とすが如し】

勢は有利な態勢によって主導権を制すものであります

d　兵は詭道

【原文】⑬計d兵は詭道

兵者詭道也。故、能而示之不能、用而示之不用、近而示之遠、遠而示之近、利而誘之、乱而取之、実而備之、強而避之、怒而撓之、卑而驕之、佚而労之、親而離之、攻其無備、出其不意。此兵家之勝、不可先伝也

【読み下し】⑬計d兵は詭道

兵は詭道なり、故に

能にして之に不能を示し

用にして之に不用を示す

近くして之に遠きを示し

遠くして之に近きを示す
利して之を誘い
乱して之を取り
実にして之に備え
強くして之を避け
怒(ど)して之を撓(どう)し
卑(ひ)して之を驕(きょう)す
佚(いつ)にして之を労(ろう)し
親(しん)にして之を離(り)す
其の無備を攻め、其の不意に出ず
此れ兵家(へいか)の勝ち
先に伝う可からずなり

【解釈】⑬計d兵は詭道
兵（用兵・戦闘）は**詭道**（謀略・謀攻・虚実）である（注）

（注）この句を根拠として「兵は全て詭道である」という意見もあるが、甚だしい誤解である。『孫子』全般の主張は「正道で相争い、詭道で勝つ」ということであり、この句は正道を前提としつつ、勝敗を決する戦術的戦いの極意として詭道を強調したものである。従って、本段落は敵を欺く行為のみの記述ではなく、戦闘の道理に従った「正道」も記述されており、「詭道」と「正道」とが表裏一体として扱われている。筆者はこれを「広義の詭道」と解釈する ☞【奇正、正道で相争い詭道で勝つ⑩勢a正道で相争い詭道で勝つ】

故に

・**能にして之に不能を示し**（我に能力がある時は、敵には無いように見せ）

・**用にして之に不用を示す**（我に有用である時は、無用であると敵には見せる）

（そのようにして、我の能力や有用性に関する敵の判断を誤らせる）☞【敵人利害③虚実b敵を誘導する】

・**近くして之に遠きを示し**（我が敵の近傍に存在している時は敵には遠方に存在しているように見せ）

・**遠くして之に近きを示す**（我が敵の遠方に存在している時は敵には近傍に存在しているように見せる）

（そのようにして我の存在位置を隠し敵の攻撃判断を誤らせる）☞【無形に至る③虚実d我の意図を秘匿する】

・**利して之を誘い**（敵にとって有利な状況を示して誘導し）☞【敵人利害③虚実b敵を誘導する】

・**乱して之を取る**（敵を混乱させてから攻撃して奪取する）

（しかし、安易に攻撃してはいけない、敵の状況に合わせて次のように対応する）

・**実にして之に備え**（敵が充実している場合には防備を固め）（注）

・**強くして之を避く**（敵が強力な場合には戦わず退避する）（注）

☞【正正の旗を邀うる無かれ、堂堂の陳を撃つ勿れ⑫軍争d気・心・力・変を治める】

（注）テキストは「味方が充実しておりながら充実していないように敵に備えたり、味方が強いのに敵の攻撃を避けるようにしたり」と訳す。すなわち「実」「強」を我の状況としている。本段の記述はすべて詭道であるとの前提に立って解釈したものと判断する。しかし、充実し強力な我が、充実していない弱い状況にあるとして兵士に防御や退避の行動をさせることは、大部隊の指揮統率上、納得できない行為である。彼我の戦力や指揮官の本心を知り得ない大部隊の末端の兵士は敵を欺く行為とは理解せず、本当に自軍が充実していない弱体

部隊であると誤解し士気が低下する恐れがある。敵よりも先に味方の兵士を欺くこととなり、自ら自軍を弱体化させてしまうリスクが高い。この行動は、軍事常識とは相容れない。筆者は素直に敵の状況が「実・強」とし、その対応として「防御・退避」すると解釈した。この素直な解釈の示す行動は「正道」であり「詭道」を記述している本段落には馴染まない、とする見解もあるが、そもそも「詭道」と「正道」は表裏一体であるし、奇正の組合せが広義の「詭道」と理解すれば克服できると考える。筆者はそれよりも、軍事常識との整合を重視したい。

・**怒して之を撓し**（いきりたって攻撃を開始する様子を見せて、敵を尻込みさせ）

（安定した敵にはその状況に応じた手段を講じて不安定にさせ、不意を衝いて勝利する）

・**卑して之を驕す**（媚びへつらう従順な様子を見せて、敵を驕らせ備えをおろそかにさせる）

・**佚にして之を労し**（敵の兵士が休養しているならば、挑発等の行為によって警戒対処や移動等で忙しくなるように仕向けて兵士を疲労させ）（注）

（注）テキストは「わざと安逸におるように見せて敵を苦労させたり」と訳す。「佚」であ

るのは敵ではなく我であるとの立場であるが、前述の（注）で指摘したとおり狭義の詭道にこだわった結果である。筆者は素直に敵の状況とその対応策として解釈する。他篇に同じ記述がある。☞【佚すれば能く之を労し③虚実c敵を翻弄する】

・**親にして之を離す**（敵の将兵が相親しみ良好な関係を築いているならば、信頼を損ねる風評を流す等して離間させる）（注）

（注）テキストは「敵国にくみする他国と、または敵の一方と親交して、敵国と他国、または敵同士を離間させたりする」と訳すが、この内容は戦略的な「謀攻」である。本段の前提は戦術的な戦闘場面であり、テキストもそれを冒頭で認めていることから、矛盾した内容であると指摘できる。筆者は、他篇の記述と関連して解釈した☞【上下相収めず⑦九地c敵の分断・弱体化】

・其の**無備を攻め**、其の**不意に出ず**（敵の無防備な所を攻撃し、不意を衝く）☞【其の意せざる所に③虚実d我の意図を秘匿する】

これこそが**兵家**（戦術家。優秀な将軍・孫武）の**勝**（勝利の要領・秘訣・道理）である。この勝利は戦場の状況に応じた臨機応変の統率によって得られるので、戦う前に伝えることはできない（注）

（注）テキストは「これは軍備論の後に伝授されるべきものである」と訳す。本篇の前半を軍備論と名付けて、それより先に伝授できないとしたものである。筆者は本篇に限ったものとせずに、各篇との関連において解釈した。すなわち、賢将の行う戦闘は、彼我の戦力や敵情、戦場環境等によって千差万別であるとともに、奇正の変化数は無窮であることから、全てを網羅しつつ前もって提示することは困難である、と解釈したものである。☞【九変の術⑧九変a九変の地利・九変の術】☞【奇正の変⑩勢b変化は無窮】

e　廟算

【原文】⑬計e廟算
夫未戦而廟筭、勝者得筭多也。未戦而廟筭、不勝者得筭少也。多筭勝、少筭不勝、而況於無筭乎。吾以此観之、勝負見矣

【読み下し】⑬計e廟算

夫れ
未だ戦わずして廟算するに、勝つは筭を得ること多し
未だ戦わずして廟算するに、勝たざるは筭を得ること少なし
筭多きは勝ち、筭少なきは勝たず
而るを況や筭無きに於いてをや
吾此を以って之を観れば、勝負見わる

【解釈】⑬計e廟算

前述したとおり
戦いの前に**廟算**（廟堂において計の手法を用いて彼我の優劣を分析集計）した結果、勝利は**筭**（算。優とした数・得点）が多い
戦いの前に廟算した結果、勝利できないのは筭が少ない
筭が多ければ勝利し、筭が少なければ勝利できない
そうであるから筭が無い場合には勝利の見込みは全くない

私（孫武）は、計の手法を用いて彼我の優劣を比較判定するので、勝負の行方は自ずから見えてくる ☞【廊廟の上に励み⑦九地ⅰ覇王の兵・将軍】

以上、筆者が考案した読み解きの順序・孫子マンダラ（仮称）に則り、①間から⑬計までを読み解いた。普通は最初に読むこととなる第一篇「計」を最後とし、既に読み解いた他の各篇を参照する方式を実現したことによって、難解な部分も比較的容易に理解していただけるように明示できたと思っている。しかし、多くの注釈や参照場所の提示によって文章が寸断されて読みづらい個所も生じてしまった。残念ではあるが、お許しをいただきたい。

（完）

おわりに

執筆を始めて以来、中断時期を含めて約二十年も経ってしまいました。まさにライフワークです。思い入れが深くなって議論が深化してしまった部分を簡素化し、説明不十分な部分を補強する等の作業を繰返して、ようやく形が整いました。

本著では、次の事項について筆者独自の考察・考案の成果を披歴しています。

・『孫子』の著者が孫武であると確定したこと
・孫武が呉王闔閭に対し、君主のあるべき姿を直言していること
・戦いには軍事的道理があり、それを熟知する者が将軍にふさわしいと自己アピールしていること
・現代にも通用する科学的思考方法による状況判断の手順を述べていること
・第一篇「計」は、他篇の内容を凝縮した総括的内容であり、各篇を知った後でないと正しく理解できないこと

これらは、これまで重要視されてこなかった事項ですので、筆者の新しい解釈を提案することとなりました。

しかし、兵法書『孫子』は、決して好戦的な書ではありません。多くの先人によって従前から強調されている『孫子』の基本理念「安易な開戦の戒め・長期戦による国力疲弊への警鐘」は重要です。この基本理念の重要性は、軍事常識と科学的思考によって更に深められたものと思います。多くの読者のご理解をいただければ幸甚です。『孫子』に関わってこられた方々への大きな感謝と私自身のささやかな達成感を込めた拙詩をもって結言といたします。

敬謝先賢謹除儒　先賢を敬謝して　謹んで儒を除き
冒険森林新求途　森林を冒険して　新しく途を求む
軍事科学模索杖　軍事・科学は　模索の杖にして
一縷光明古希愉　一縷の光明　古希の愉しみなり

七言絶句・不調平仄、対句、押韻・虞韻（儒、途、愉）

優れた賢明なる先人達を敬い感謝しつつ　謹んで儒家の影響を除き
『孫子』の森林内を冒険して　新しく途を求めました
軍事常識と科学的思考は　模索する際の杖であり
一縷の光明を得ることは　古希の身の愉しみです
（七言絶句ですが平仄は調えていません。第一、二句を対句とし、韻は規則通り踏みました。
不調平仄の意義等については拙著「よもぎはよもぎ・蓬流漢詩創作日記」文芸社をご参照いただきたくお願い申し上げます）

著者記す

著者プロフィール

奈良 信行（なら のぶゆき）

1947年、東京の下町に生まれる。

都立両国高校、防衛大学校航空工学科を卒業後、航空自衛隊に入隊。

防衛大学校理工学研究科（オペレーションズ・リサーチ専攻）修了。

職種は航空機整備。各地の部隊、学校、補給本部、航空幕僚監部、契約本部の各級幕僚・指揮官を経て技術研究本部技術開発官（航空機担当・空将）を最後に2005年、退官。

同年、川崎重工業株式会社（航空宇宙カンパニー、ストラテジック・アドバイザー）。2012年退社。2018年、株式会社　航空新聞社（顧問、現職）。

著書に『よもぎはよもぎ　蓬流漢詩創作日記』[文芸社刊　2010年]及び『異聞・奥の細道』[ペンネーム・蓬麻庵、文芸社刊　2014年]がある。

軍事常識と科学的思考で読み解く
『孫子』知的冒険

2022年３月15日　初版第１刷発行

著　者　奈良 信行
発行者　瓜谷 綱延
発行所　株式会社文芸社
〒160-0022　東京都新宿区新宿1－10－1
電話　03-5369-3060（代表）
03-5369-2299（販売）

印　刷　株式会社文芸社
製本所　株式会社MOTOMURA

ISBN978-4-286-23453-3